QIAOCHUNIANG
BAOZIBUTANG

巧厨娘

煲滋补汤

巧厨娘爱心下厨房 道道让你流口水的家常美味

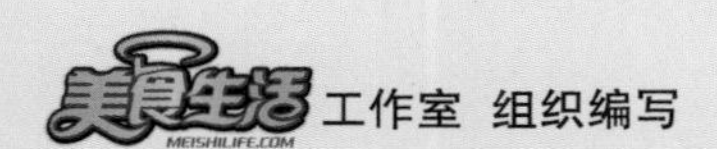

工作室 组织编写

图书在版编目（CIP）数据
巧厨娘煲滋补汤/美食生活工作室编.–青岛：青岛出版社，2012.1
ISBN 978–7–5436–7850–7
Ⅰ.①巧… Ⅱ.①美… Ⅲ.①保健–汤菜–菜谱 Ⅳ.①TS972.122
中国版本图书馆CIP数据核字(2011)第263190号

书　　名　巧厨娘煲滋补汤
组织编写　美食生活工作室
主　　审　王作生
出版发行　青岛出版社
社　　址　青岛市崂山区海尔路182号（266061）　http://www.qdpub.com
邮购电话　13335059110　0532–68068026　0532–85814750（传真）
策划组稿　张化新　周鸿媛
责任编辑　纪承志
特约编辑　王　楠
设计制作　周雅榕　宋修仪　周　伟
摄　　影　高玉德
菜品制作　惠学波
制　　版　青岛艺鑫制版印刷有限公司
印　　刷　青岛乐喜力科技发展有限公司
出版日期　2012年1月第1版　2021年9月第2版第15次印刷
开　　本　16开（720毫米×1020毫米）
印　　张　12
书　　号　ISBN 978–7–5436–7850–7
定　　价　39.80元

编校印装质量、盗版监督服务电话　4006532017　0532–68068050

前言
Preface

2011年5月，《巧厨娘家常菜》《巧厨娘妙手烘焙》悄然上市。

销售短短几个月，好评如潮，市场反响强烈。我们更加坚信，贴近读者，贴近读者之所想，才是我们为之不断努力的目标，也更加坚定了我们“为读者奉献最有内容、最有欣赏性的精品美食图书”的不懈追求。

2011年岁末，时隔几个月，“巧厨娘系列”华美转身。《巧厨娘新手家常菜》《巧厨娘诱惑川菜》《巧厨娘花样主食》《巧厨娘快手烹炒》《巧厨娘巧手凉拌菜》《巧厨娘煲滋补汤》即将与您见面。

有人说，幸福是一碗汤的距离。这种感觉从不言说，却与日俱增。

然而，急匆匆赶路的我们，常常无暇顾及身边的风景，常常忽略身边令人感动的细节。

杂乱纷扰的世界里，您幸福吗？

其实，幸福的真正感觉并不在于您烹饪的技术是多么的娴熟，汤煲的滋味是多么的醇厚，而在于您在做菜时对家人的那份关爱，那份融入于美食中的浓浓的心情。美丽的巧厨娘巧手为家人烹制营养美味的菜肴，这是全家人的幸福，也是自己的幸福。

“巧厨娘系列”美食书是在原有“巧厨娘”基础上的又一精彩延伸。在内容上我们更加注重健康实用，版式上我们更加追求时尚大方，图片上我们更加要求精益求精，表达上我们更加倾向分步详解，化繁为简，相信能带给您耳目一新的感受，帮您快速上手，缩短与幸福的距离。

《巧厨娘煲滋补汤》分为四季滋补汤、特定人群营养汤、五脏养生汤和调理保健汤四个板块，根据中医养生理论，针对不同季节、人群、脏器以及不同的保健目的，推荐相应食材，再搭配其他适宜的食材，煲一锅充满爱意的汤，与您一起为家人的健康保驾护航。

新的一年即将来临，这一沉淀着我们更多期盼与梦想的“巧厨娘系列”也新鲜出炉了。希望这套书能给更多的厨娘以切实的指导和帮助，希望能给您的生活带来温暖和幸福。

工作室

2021年9月

目录 CONTENTS

Part 01 煲汤常用 食材与中药

Part 02 巧厨娘 四季滋补汤

Part 03 巧厨娘 特定人群营养汤

Part 04 巧厨娘 五脏养生汤

Part 05 巧厨娘 调理保健汤

食材预处理

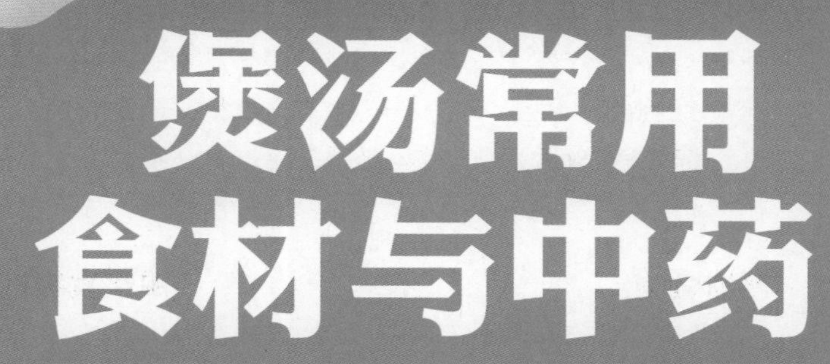

煲汤常用食材与中药

Baotang Changyong Shicai Yu Zhongyao

PART 01

何谓滋补汤？滋补汤是在中医学、烹饪学和营养学理论指导下，将中药与某些具有药用价值的食物相配伍，采用我国独特的饮食烹调技术和现代科学方法制作而成的，具有丰富营养与显著特色的，色、香、味、形俱佳的美味汤煲。本章详细阐述了煲滋补汤时选择食材、中药材的原则及其各自的保健功效、适应人群等知识，使您在烹调应用时更加心中有数，并能举一反三，做出更多美味营养的汤煲。

①煲汤常用食材的四性、五味及其保健功效

食物的四性及其保健功效

一般说来，食物与药物一样，有寒、凉、温、热四种不同的属性，在中医上叫做四性，也叫四气。由于不同属性的食物食疗功效也不同，故在配制食疗方时就要重视食物属性，选择符合疾病食疗所需要的食物，以达到治疗效果。

中医有一项重要治疗原则，就是“疗寒以热药，疗热以寒药”，此原则也同样适用于食疗。治疗属寒的病症，要选用属于热性的食物；治疗属热的病症，就要选用属于寒性的食物，做到对症下药，才有望取得预期效果。反之，若寒性病症食用寒凉食物，热性病症食用温热食物，结果只能是雪上加霜、火上浇油，使病情加重。

[寒凉食物]

[保健功效]

寒和凉同属一种性质，仅是程度上的差异。寒凉食物具有清热、泻火、解毒的作用，医学上常用来治疗热证和阳证。凡是表现为面红耳赤、口干口苦、喜欢冷饮、小便短黄、大便干结、舌红苔黄的病症，都适宜选用寒凉食物。

[常见寒凉食物]

属凉性的有白菜、小白菜、萝卜、冬瓜、青菜、菠菜、苋菜、芹菜、绿豆、豆腐、小麦、苹果、梨、枇杷、橘子、菱角、薏苡仁、茶叶、蘑菇、鸭蛋等。

属寒性的有豆豉、马齿苋、苦瓜（生食）、莲藕、芦荟、甘蔗、番茄、柿子、茭白、荸荠、茄子、丝瓜、蕨菜、空心菜、绿豆芽、百合、紫菜、草菇、鸭血、西瓜、香蕉、桑葚、黄瓜、蟹、海藻、田螺等。

[温热食物]

[保健功效]

温与热同属一种性质，都有温阳、散寒的作用，医学上常用来治疗寒证和阴证。凡是表现为面色苍白，口中发淡，即使渴也喜欢喝热开水，怕冷，手足四肢清冷，小便清长，大便稀烂，舌质淡的病症，都适宜选用温热食物。

[常见温热食物]

属温性的有韭菜、葱、蒜、生姜、小茴香、羊肉、狗肉、猪肝、猪肚、牛肚、刀豆、芥菜、香菜、南瓜、桂圆、杏、桃、石榴、乌梅、荔枝、栗子、大枣、核桃、鳝鱼、虾、鲢鱼、海参、鸡肉、猪肝等。

属热性的有辣椒、胡椒、肉桂、咖喱等。

[平性食物]

[保健功效]

由于食物中温与热、凉与寒只是程度的不同，而有些温或热、凉或寒却难以截然分开。为简便起见，通常仅归纳为寒热两类，将寒凉属性的统称为寒，温热属性的统称为热，而在寒热之间增加了平性。平性食物既不偏寒，也不偏热，介乎两者之间，通常具有健脾、开胃、补益的作用。由于其性平和，故一般热证和寒证都可配合食用，尤其对那些身体虚弱，或久病阴阳亏损，或病症寒热错杂，或内有湿热邪气者较为适宜。

[常见平性食物]

粳米、糯米、黄豆、蚕豆、赤豆、黑大豆、玉米、花生、豌豆、扁豆、黄花菜、香椿、胡萝卜、山药、莲子、芝麻、葡萄、橄榄、猪肉、鲫鱼、鸽蛋、芡实、牛奶等。

食物的五味及其保健功效

五味，即酸、苦、甘、辛、咸五种不同的味道。五味是中医用来解释、归纳中药药理作用和指导临床用药的理论根据之一。食物的五味也是解释、归纳食物效用和选用食疗方的重要依据。

中药学重要著作《本草备要》中讲到，“凡酸者能涩能收，苦者能泻能燥能坚，甘者能补能缓，辛者能散能横行，咸者能下能软坚”。药物的酸、苦、甘、辛、咸五味，分别有收、降、补、散、软的药理效用，食物的五味亦具有同样的功效。了解不同食物所具有的性味，有助于正确选用食疗方中的食物，以取得预期的效果。

“医圣”张仲景曾经说过，“所食之味，有与病相宜，有与身为害；若得宜则益体，害则成疾”。可见，食物的味还直接影响到机体的健康，应引起重视。

[酸味食物]

常用的酸味食物有醋、番茄、马齿苋、赤豆、橘子、橄榄、杏、枇杷、桃子、山楂、石榴、乌梅、荔枝、葡萄等。

酸味食物有收敛、固涩的作用，可用于治疗虚汗出、泄泻、小便频多、滑精、咳嗽经久不止及各种出血病。酸味固涩容易敛邪，因此，如感冒出汗、急性肠火泄泻、咳嗽初起者均当慎食。

[苦味食物]

常用的苦味食物有苦瓜、茶叶、若杏仁、百合、白果、桃仁等。

苦味食物有清热、泻火、燥湿、解毒的作用，可用于辅助治疗热证、湿证。热证表现为胸中烦闷、口渴多饮水、烦躁、大便秘结、舌红苔黄、脉浮数的，可选用苦瓜、茶叶；热证表现为午后潮热、两颧潮红、咳嗽胸肋作痛的，可食用百合；热证表现为发热不退、下腹部满的，可配用桃仁。湿证表现为四肢浮肿、小便短少、气短咳逆的，可配用白果。苦味食物属寒性，不宜多吃，尤其脾胃虚弱者更应慎食。

[辛味食物]

辛即辣味，常见的辛味食物有姜、葱、大蒜、香菜、洋葱、芹菜、辣椒、花椒、茴香、豆豉、韭菜、酒等。

辛味食物有发散、行气、行血等作用，可用于治疗感冒表证及寒凝疼痛。同是辛味食物，却有寒、热之分。如生姜辛而热，适宜于恶风寒、骨节酸痛、鼻塞流清涕、舌苔薄白、脉浮紧的风寒感冒；豆豉辛而寒，适宜于身热、怕风、汗出、头胀痛、咳嗽痰稠、口干咽痛、苔黄、脉浮数的风热。辛味食物大多具有发散的作用，易伤津液，食用时要防止过量。

[甘味食物]

甘即甜，但甘味食物味道不一定是甜的。甘味食物甚多，常见的有莲藕、茄子、空心菜、番茄、茭白、萝卜、丝瓜、洋葱、笋、土豆、菠菜、荠菜、黄花菜、南瓜、芋头、扁豆、豌豆、胡萝卜、白菜、芹菜、冬瓜、黄瓜、豇豆、肉桂、豆腐、黑大豆、绿豆、赤小豆、黄豆、薏苡仁、蚕豆、刀豆、荞麦、高粱、粳米、糯米、玉米、大麦、小麦、木耳、蘑菇、白薯、蜂蜜、蜂乳、银耳、牛奶、羊乳、甘蔗、柿子、苹果、荸荠、梨、花生、糖、西瓜、菱角、香蕉、桑葚、荔枝、黑芝麻、橘子、栗子、大枣、无花果、酸枣仁、莲子、核桃肉、桂圆肉、鲢鱼、龟肉、鳖肉、鲤鱼、鲫鱼、田螺、鳝鱼、虾、羊肉、鸡肉、鹅肉、牛肉、鸭肉、麻雀、火腿、燕窝、枸杞、芡实、香菇等。

甘味食物有补益、和中、缓和拘急的作用，可用作辅助治疗虚证。如表现为头晕目眩、少气懒于讲话、疲倦乏力、脉虚无力之气虚证的，可选用牛肉、鸭肉、大枣等；如表现为身寒怕冷、蜷卧嗜睡之阳虚证的，可选用羊肉、虾、麻雀等。甘能缓急，如出现虚寒腹痛、筋脉拘急的，可选用蜂蜜、大枣等。

[咸味食物]

咸味食物有软坚、散结、泻下、补益阴血的作用，可用于治疗瘰瘤、痰核、痞块、热结便秘、阴血亏虚等病症。在甲状腺瘤的治疗过程中，常配合食用海带、海藻，即依据“咸以软坚”的理论，以海带、海藻之咸来软化肿块。民间土法采用食盐炒热，用布包裹熨脐腹部，治疗寒凝腹痛，也是“咸以软坚”的实际应用。

② 食补的种类

Shibu De Zhonglei

[单味食补]

常用原料有鲫鱼、羊肉、鸡、鸭等，补益作用较为明显专一，兼具药与食的两种作用，只要对症使用，效果较理想。但食补的效果毕竟稍逊，虚证较为复杂或病情偏重时，单靠食补见效较慢。

[补粥]

补粥是用常见的补益食物或补药与米同煮而成，同样具有药食并用的优点，对津液不足需要补充水分者较为适用，尤适宜老年人服用。粥味醇香可口，易制易用，可长期服食。

[补酒]

以单味补药用酒浸泡或酿制而成，对善酒者既能解其酒瘾，又能起到补虚强身的功效。酒性发散、活血而助血行，药效传至人体四肢百骸，具有独特的效用，尤其适宜善酒者或老年人服用。

选用药酒要因人因病而异。选用以治病为主要目的的药酒，更要随症选用，最好在中医师的指导下选用，以保证安全。

[药膳]

药膳是在中医学、烹饪学和营养学理论指导下，严格按药膳配方，将中药（常用的有虫草、黄芪、枸杞、人参、当归、大枣、桂圆等）与某些具有药用价值的食物相配伍，采用我国独特的饮食烹调技术和现代科学方法制作而成的具有一定色、香、味、形的美食，包括药膳菜肴、药膳主食和药膳汤品，其中以药膳汤最为多用。药膳既将药物作为食物，又将食物赋以药用，药借食力，食助药威，二者相辅相成，既具有较高的营养价值，又可防病治病、保健强身、延年益寿。

③煲汤常用的滋补类中药材

补血中药材

[紫河车]

【别名】胎盘、胞衣。

【性味】性温，味甘、咸。

【功效】补气，养血，益精。

【应用】适宜一切虚损羸弱、气血不足、营养不良者食用；适宜肺结核、老年慢性支气管炎、肺气肿、肺心病、支气管哮喘者食用；适宜体虚多汗、自汗、盗汗和易患感冒者食用；适宜男子阳痿遗精、妇女不孕，或产后乳汁缺少者食用；适宜癌症患者食用，尤其放化疗后食用更为适宜；适宜神经衰弱、白细胞减少症、再生障碍性贫血患者食用；适宜肾上腺皮质功能不全者食用。

【提示】凡平素脾胃虚寒、腹泻便溏者忌食；痰湿痞满气胀、食欲不振，以及舌苔厚腻者忌食。

[白芍]

【性味】性凉，味苦、酸。

【功效】补血，止痛，敛汗。

【应用】适宜血虚阴虚者见胸腹胁肋疼痛、肝区痛，胆囊结石疼痛者食用；适宜泻痢腹痛、妇女行经腹痛者食用；适宜自汗、盗汗者食用；适宜腓肠肌痉挛、四肢拘挛疼痛者食用；适宜配合甘草以缓解各种胸腹及四肢疼痛。

【提示】白芍性寒，凡虚寒性腹痛泄泻者忌食；服用中药黎芦者忌同服白芍。

[当归]

【性味】性温，味甘、辛。

【功效】补血，调经，润肠。

【应用】适宜妇女月经不调、痛经、闭经、崩漏，或产后出血过多、恶露不下、腹胀疼痛者食用；适宜血虚体弱、气血不足、头痛头晕者食用；适宜老年肠燥便秘者食用。

【提示】慢性腹泻、大便溏薄者均应忌食。

[阿胶]

【性味】性平，味甘。

【功效】补血止血，滋阴润燥。

【应用】适宜血虚者见面色萎黄、眩晕、心悸，多种出血证、阴虚证以及燥证。

【提示】本品性滋腻，有碍消化，胃弱便溏者慎用。

[龙眼肉]

【性味】性温，味甘。

【功效】补益心脾，养血安神。

【应用】用于心脾虚损、气血不足引起的心悸、失眠、健忘等症，能补益心脾，养血安神，为性质平和的滋补良药。单用即有效，亦常配黄芪、人参、当归、酸枣仁等同用。

【提示】阴虚火旺者忌食。

补气中药材

[黄芪]

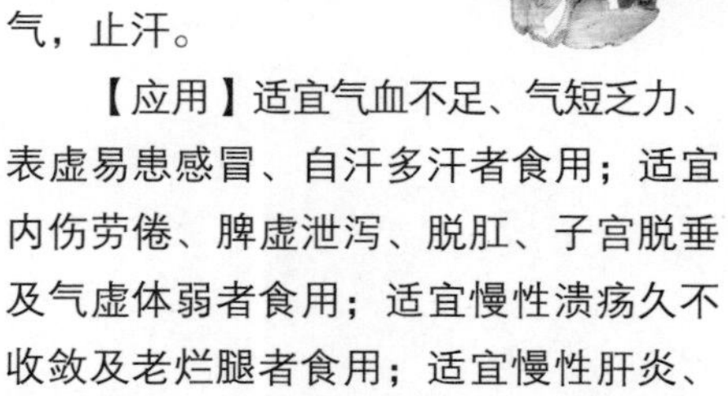

【性味】性微温，味甘。

【功效】补虚，益气，止汗。

【应用】适宜气血不足、气短乏力、表虚易患感冒、自汗多汗者食用；适宜内伤劳倦、脾虚泄泻、脱肛、子宫脱垂及气虚体弱者食用；适宜慢性溃疡久不收敛及老烂腿者食用；适宜慢性肝炎、慢性肾炎、白血球减少者食用；适宜糖尿病患者食用。

【提示】凡患有发热病、急性病、热毒疮疡者，阳气旺者，食滞胸闷、胃胀腹胀者忌食。

[党参]

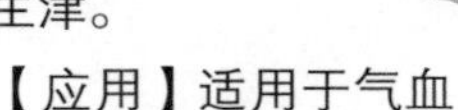

【性味】性平，味甘。

【功效】补虚益气，健脾养胃，润肺生津。

【应用】适用于气血不足、面色萎黄、病后产后体虚者；适用于脾胃气虚、神疲倦怠、四肢乏力、食少便溏、慢性泄泻者；适用于慢性肾炎蛋白尿、慢性贫血、白血病、血小板减少性紫癜、佝偻病患者。

【提示】党参性平，可益气健脾，诸无所忌。但在服用中药黎芦时，不宜同时再吃党参。《得配本草》称：“气滞，怒火盛者禁用。”

[太子参]

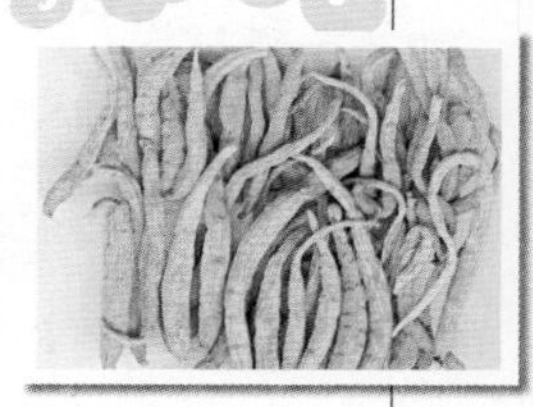

【性味】性微温，味甘。

【功效】补肺，健脾，益气。

【应用】适宜肺气虚咳嗽痰少、久咳不愈者食用；适宜脾胃气虚者见不思饮食、神疲乏力、胃弱、消化不良、慢性腹泻者食用；适宜神经衰弱、体虚自汗及病后、产后体弱未恢复者食用。

【提示】太子参善补脾、肺，性质平和，诸无所忌。但在服用中药黎芦时，不宜同时再吃太子参。

[人参]

【性味】性温，味甘微苦。

【功效】补气生血，健脾益胃，强心提神。

【应用】适宜身体瘦弱、劳伤虚损、气血不足、喘促气短者食用；适宜脾胃气虚、食少倦怠、大便滑泄、慢性腹泻者食用；适宜体虚见惊悸、健忘、头昏、贫血、神经衰弱者，以及男子阳痿、女子崩漏者食用。

【提示】凡体质健壮者皆不宜服食；体质壮实及热性病人忌食；高血压伴有头昏脑胀、口苦咽干、性情急躁、大便干结，以及肝阳偏亢者忌食；糖尿病、阴虚火旺、咳血、干燥综合征、初生婴儿忌食。食用人参期间忌食山楂、萝卜、茶，人参忌用铁锅煎煮。

[西洋参]

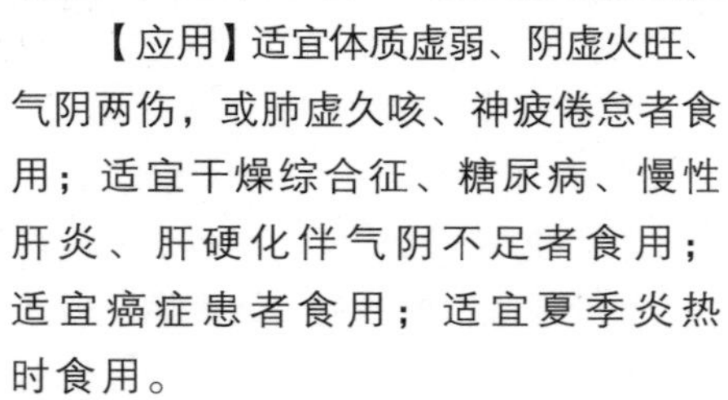

【性味】性凉，味甘微苦。

【功效】补气阴，清虚热，生津止渴。

【应用】适宜体质虚弱、阴虚火旺、气阴两伤，或肺虚久咳、神疲倦怠者食用；适宜干燥综合征、糖尿病、慢性肝炎、肝硬化伴气阴不足者食用；适宜癌症患者食用；适宜夏季炎热时食用。

【提示】素有胃寒疼痛、舌苔发白者忌食；服西洋参时忌食萝卜、茶、藜芦；西洋参忌用铁器煎煮。

[白术]

【性味】性温，味甘苦。

【功效】健脾胃，助饮食，止虚汗。

【应用】适宜脾胃气虚，不思饮食，倦怠无力，慢性腹泻，消化吸收功能低下者食用；适宜自汗易汗、老小虚汗以及小儿流涎者食用。

【提示】凡胃胀腹胀、气滞饱闷者忌食。

[甘草]

【性味】性平，味甘。

【功效】益气健脾，清热解毒。

【应用】适宜脾胃虚弱、食少便溏、胃及十二指肠溃疡者食用；适宜心悸怔忡、神经衰弱者食用；适宜妇人脏燥者食用；适宜血小板减少性紫癜者食用；适宜阿狄森氏病、席汉氏综合征、尿崩症、支气管哮喘、先天性肌强直、血栓性静脉炎患者食用。

【提示】凡腹部胀满者忌食；忌与海藻和羊栖菜一同食用；在服用中药大戟、甘遂、芫花期间，忌食甘草。

补肾中药材

[金樱子]

【性味】性平，味酸涩。

【功效】涩肠止泻，固精缩尿。

【应用】适宜脾虚而久泻久痢者食用；适宜肺虚喘咳、自汗者食用；适宜男子滑精早泄、遗尿、小便频数者食用；适宜女子体虚带下、白带过多和子宫脱垂者食用。《梦溪笔谈》：“金樱子，止遗泄，当取半黄时采，干捣末用之。”

【提示】凡感冒发烧的糖尿病患者，或有实火邪热者忌食；大便干燥者亦忌。

[枸杞子]

【性味】性平，味甘。

【功效】补精气，坚筋骨，滋肝肾，止消渴，明目，抗衰老。

【应用】枸杞子有降血脂、降血压、降血糖、防止动脉硬化、保护肝脏、抑制脂肪肝、促进肝细胞再生、提高机体免疫功能、抗恶性肿瘤的作用。枸杞子对眼睛有良好的补益作用，对肝肾不足所致的视力下降、见风流泪、夜盲雀目、两眼干涩、玻璃体混浊、白内障等，有很大益处。对血虚眩晕、血虚头痛、贫血、慢性肝炎、高血压病、遗精阳痿、夜间多尿、体虚早衰者，以及心血不足所致的心悸、失眠、健忘者，均有防治作用。

【提示】高血压病患者、性情太过急躁的人，或平日大量摄取肉类导致面泛红光的人最好不要食用；正在感冒发烧、身体有炎症、腹泻等急症患者在发病期间也不宜食用；枸杞一般不宜和性温热的补品如桂圆、红参、大枣等共同食用。

[地黄]

【性味】性凉，味甘苦。

【功效】滋阴养血，凉血。

【应用】地黄有生地黄与熟地黄之分，生地黄偏重于凉血止血，对皮肤病患者有效；熟地黄侧重于滋阴补血，对阴虚贫血者有益。

【提示】食地黄时忌萝卜、葱白、韭白、薤白。《医学入门》称：“中寒作痞，易泄者禁。”

[冬虫夏草]

【性味】性温，味甘。

【功效】补虚损，益精气，止咳化痰，抗癌抗老。

【应用】适宜老年慢性支气管炎、肺气肿、肺结核、支气管哮喘、咳嗽气短、虚喘咯血者食用；适宜体虚多汗、自汗、盗汗者食用；适宜病后虚弱、久虚不复，或衰老体弱及各种慢性消耗性病人食用；适宜肾气不足、腰膝酸软、阳痿遗精者食用；适宜癌症患者及放疗、化疗后食用；适宜糖尿病、红斑性狼疮、慢性肾炎以及再生障碍性贫血和白血球减少患者食用。

【提示】有表邪者慎用。

[黄精]

【性味】性平，味甘。

【功效】润肺滋阴，补脾益气。

【应用】适宜气血不足、贫血、病后体虚、神经衰弱、目暗、精神萎靡、腿脚软弱无力者食用；适宜糖尿病、高血压患者食用；适宜肺虚干咳者食用；适宜癌症、白细胞减少症、再生障碍性贫血、脂肪肝、头发早白、药物中毒性耳聋患者食用。

【提示】黄精滋腻，脾虚有湿者不宜服，有痰或食欲不振者均不宜食。

[沙参]

【性味】性凉，味甘微苦。

【功效】养阴清肺，利咽喉，祛痰止咳。

【应用】适宜肺结核等热性病所致干咳无痰、盗汗、低烧不退者食用；适宜肺阴不足，或肺热咽干、口渴、声音嘶哑者食用；适宜教师、播音员、歌唱演员食用；适宜癌症患者食用；适宜糖尿病及干燥综合征患者食用。

【提示】凡属寒痰咳嗽，或风寒咳嗽、咳有白色清痰者忌食；在服用中药黎芦时忌食沙参。

[石斛]

【性味】性寒，味甘淡。

【功效】清热，益胃，生津，养阴。

【应用】适宜高热病后津伤口干、烦渴、虚热不退者食用；适宜慢性萎缩性胃炎见胃液不足、胃中虚热者食用；适宜干燥综合征及糖尿病等阴虚内热者食用；适宜声音嘶哑、失音者食用；适宜教师、歌唱家、播音员煎水代茶饮用。炎夏天热时煎水代茶饮用，可起到清热解毒、生津止渴的效果。

【提示】石斛性寒，凡胃寒疼痛、舌苔发白者忌食。《百草镜》称："惟胃肾有虚热者宜之，虚而无火者忌用。"

[何首乌]

【性味】性微温，味甘涩。

【功效】补肝肾，益气血，乌须发，通便秘。

【应用】适宜中老年人肝肾不足、头昏眼花、腰膝软弱、须发早白者食用；适宜血虚头晕、神经衰弱者食用；适宜病后、产后及老年人阴血不足而肠燥便秘者食用；适宜高血压、高血脂、动脉硬化患者，以及冠心病人见心悸、气短、胸闷者食用；适宜慢性肝炎、糖尿病、皮肤瘙痒者食用。《本草纲目》记载：何首乌"能养血益肝，固精益肾，健筋骨，乌须发，为滋补良药，不寒不燥，功在地黄、天门冬之上。"

【提示】平素大便溏薄者忌食；何首乌忌用铁器煮食；何首乌忌同猪肉、羊肉、萝卜、葱、蒜一并食用。《何首乌录》称："忌猪、羊肉、血。"《本草纲目》云："忌葱、蒜。"

[杜仲]

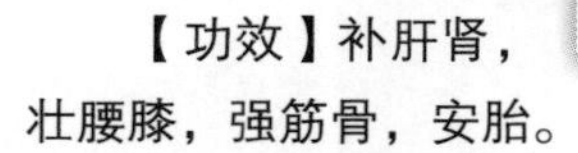

【性味】性温，味甘。

【功效】补肝肾，壮腰膝，强筋骨，安胎。

【应用】适宜中老年人肾气不足、腰脊疼痛、腿脚软弱无力、小便余沥者食用；适宜妇女体质虚弱、肾气不固、胎漏欲堕及习惯性流产者保胎时食用；适宜小儿麻痹后遗症、小儿行走过迟、两下肢无力者食用；适宜高血压患者食用。《玉楸药解》记载："益肝肾，益筋骨，治腰膝酸痛、腿足拘挛。"

【提示】《本草经疏》称："肾虚火炽者不宜用。"《得配本草》云："内热、精血燥者禁用。"

[鹿茸]

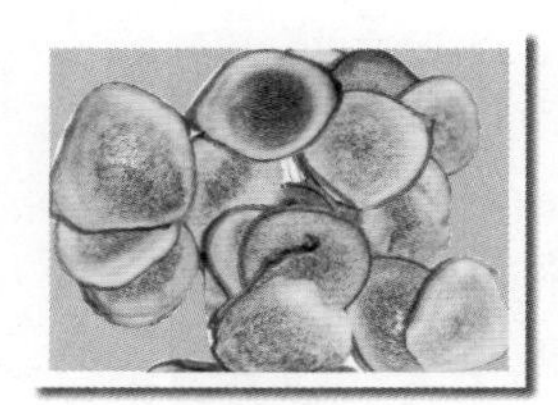

【性味】性温，味甘咸。

【功效】补肾阳，益精血，强筋骨。

【应用】适宜男子阳痿、遗精、早泄、精子稀少不育者食用；适宜精血不足、筋骨无力、小儿发育不良者食用；适宜体质虚弱的老年人食用；适宜妇女带下过多、月经不调、不孕、四肢不温、腰膝酸痛者食用；还适宜疮疡久溃不敛、阴疽内陷者食用。

【提示】凡阴虚阳盛或有外感者均应忌服。

[蛤蚧]

【性味】性平，味咸。

【功效】补肺气，助肾阳，定喘嗽，益精血。

【应用】适宜男子阳痿肺虚、肾虚喘咳者食用。

【提示】外感风寒或实热者忌服。

[肉苁蓉]

【性味】性温，味甘酸咸。

【功效】补肾气，益精血，润肠燥，通大便。

【应用】适宜男子阳痿、遗精、早泄、精子稀少不育者食用；适宜妇女带下、月经不调、不孕、四肢不温、腰膝酸痛者食用；适宜体质虚弱的老年人食用；适宜产后便秘、体虚便秘、病后便秘及老人便秘者食用；适宜高血压患者食用。

【提示】平素大便溏薄者忌食；性功能亢进者忌食。《本草经疏》称："泄泻禁用，强阳易兴而精不固者忌之。"《得配本草》云："火盛便秘、心虚气胀，皆禁用。"

④滋补原则：根据季节变化灵活调整

《黄帝内经·素问》中说：“四时阴阳者，万物之根本也。所以圣人春夏养阳，秋冬养阴，以从其根，故与万物浮沉于生长之门。逆其根，则伐其本，坏其真矣。”

冬令进补是相对的

有些人认为只有冬季才能进补。每年一到冬至，就筹备进补，开春以后便停止，甚至把补品束之高阁，准备到了来年冬季再用。

按照中医理论，冬季是大自然万物收藏的季节，人体也不例外，此时进补，营养素容易被人体吸收、贮藏。由于冬季气温较低，各种活动相对减少，人体的新陈代谢也较缓慢，因此一般人夏季消瘦些，而到冬季体重会有所增加。同时，中药补品一般温性者较多，宜于冬季服用，因而民间有冬令进补的传统习惯，并有“补在三九”的说法。但这种说法是相对的。万物在春、夏、秋三季也分别都有各自的吸收、消耗、贮存的平衡。如春季由于气候转暖，自然界万物都处于生长萌发阶段，新陈代谢逐渐加快，虽然此时消耗比冬季要多一些，但是相应的吸收、贮存营养物质的过程和能力随之也加快加强了。此时选择合适的食材进补，自有特殊的功效。

其实，每个季节都应调节好营养物质的吸收、消耗与贮存的关系，顺应季节气候的变化，养生修身，才能健康长寿，而不应局限于一季一时的进补，来应付长年累月的消耗。

另外，有些疾病冬季常好发，如老年慢性气管炎、哮喘等，因发病较重，一时不宜进补，但在春、夏、秋季时，这些病人的病情处于暂时稳定阶段，正是进补的好季节，因此切莫偏执于“冬令进补”而错过了大好时机。

进补应随季节与个人情况变化

虽然春夏秋冬四季均可进补，但四季的进补食材及其用法用量必须随着季节与每个人当时的具体情况加以变化。四季进补、冬令进补与临时进补各有侧重，且进补物品、进补量、服法等也各有不同。

四季进补除具有补虚治病的作用外，其主要意义还在于强身防病。因此，进补的食材应趋向于性味平和、补而不腻、补而不滞，这样才能益于长久服用，使补力深远。

四季均需进补，并不是说四季均需服用同一补品，使用同一用法和用量。恰恰相反，四季进补者应根据各自身体的具体情况和春夏秋冬季节之不同，调整进补品种以及用法和用量。如一段时期或季节以食补代替药补；或夏季以粥补为主，冬季以酒补为主；也可在总的补益方向确定后（如补血），在品种上进行适当安排、调整，既达到补虚养生的目的，又不致因长期进补而妨碍脾胃消化功能，这样才能实现四季健康进补。

巧厨娘

四季滋补汤

Siji Zibu Tang

PART 02

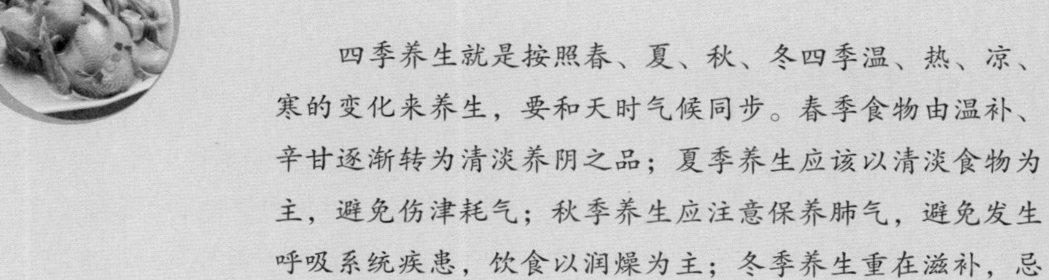

四季养生就是按照春、夏、秋、冬四季温、热、凉、寒的变化来养生，要和天时气候同步。春季食物由温补、辛甘逐渐转为清淡养阴之品；夏季养生应该以清淡食物为主，避免伤津耗气；秋季养生应注意保养肺气，避免发生呼吸系统疾患，饮食以润燥为主；冬季养生重在滋补，忌食寒性食物。

春季滋补汤

春季气候特点

[立春]

立春在每年阳历2月3~5日前后，这时气候变暖，气温渐渐上升，万物更新，冬眠动物开始复苏。立春为春季的第一日，是冬寒向春暖转化的开始，要注意气候变化，以防气候乍变引起外感。立春之日起，人体阳气开始升发，肝阳、肝火、肝风也随春季阳气的升发而上升。所以，立春后应注意肝脏的生理特征变化，保持情绪稳定，使肝气条达。

[雨水]

雨水在每年阳历2月19日或20日，这时我国大部分地区严寒已过，雨量逐渐增加，气温渐渐上升。春季以立春作为阳气升发的起点，到雨水则阳气逐渐旺盛，故应特别注意肝气疏泄条达。养生者宜勃发朝气，志蓄于心，身有所务。

[惊蛰]

惊蛰在每年阳历3月5日或6日，天气转暖，气候多变。人体肝阳之气渐升，阴血相对不足，养生宜顺应阳气的升发，饮食起居应顺肝之性，助益脾气，令五脏和平。

[春分]

春分在每年阳历3月19～22日。此时节应适当保暖，使人体在活动后有微汗，以开泄皮肤，使阳气能外泄，气机畅达。春天是高血压病多发季节，容易产生眩晕、失眠等并发症。

[清明]

清明在每年阳历4月4日或5日。此时阴雨潮湿，易使人疲倦嗜睡，乍暖乍寒的天气易使人受凉感冒，发生扁桃体炎、肺炎等病。春季又是呼吸道传染病如百日咳、麻疹、水痘等的多发季节。清明后，多种慢性疾病易复发，如关节炎、精神病、哮喘等，相应人群这段时间内要忌食发物，如海产品、笋、羊肉、公鸡等，以免旧病复发。

[谷雨]

谷雨在每年4月20日或21日。由于气温升高和雨量增多，人体在这段时间内更为困乏，要注意锻炼身体。谷雨也是种花养草的好时机，能陶冶情操，焕发青春。

春季进补原则

❶ 春季肝旺之时，要少食酸性食物，否则会使肝气更旺，伤及脾胃。

❷ 中医认为“春以胃气为本”，故应改善和促进消化吸收功能。不管食补还是药补，都应有利于健脾和胃、补中益气，保证营养能被充分吸收。

❸ 因为春季湿度相对冬季要高，易引起湿温类疾病，所以进补时一方面应健脾以燥湿，另一方面食补与药补也应注意选择具有利湿渗湿功效的食材或中药材。

❹ 食补与药补补品的补性都应较为平和，除非必要，否则不能一味使用辛辣温热之品，以免在春季气温上升的情况下加重内热，伤及人体正气。

春季进补适用食物

糯米、粳米、栗子、莲子、大枣、菱角、菠菜、荠菜、牛肉、猪肚、羊肚、牛肚、鸡肉、鸡肝、驴肉、鸭血、鲫鱼、黄鳝、青鱼、熊掌等。

春季进补适用中药

茯苓、白术、黄精、山药、熟地、太子参、地丁、蒲公英、败酱草等。

花生红枣鲫鱼

功效 健脾和胃，利水消肿。

1

2

3

原料

鲫鱼2条，红枣20克，花生米150克

调料

姜片、葱段、料酒各适量

制作过程

1. 花生米、红枣洗净，控干水分备用。鲫鱼去鳞、鳃及内脏，洗净备用。
2. 锅置火上，放入花生米，加水煮熟。
3. 放入鲫鱼、红枣、姜片、葱段、料酒共煮，待鱼熟后出锅即成。

春季养生推荐食材

【鲫鱼】

春天容易出现春困、腿重等症状，这在中医来看其实就是“湿”的一种表现。由于春季肝气旺、脾气弱，而脾胃主四肢，脾气不旺，四肢就会酸软无力，所以春季应当补脾。药补不如食补，鲫鱼就是一种很好的健脾食物。

鲫鱼是春季食补的佳品，其特点是营养素全面，含蛋白质多、矿物质多、脂肪少，还含有多种维生素、微量元素及人体所必需的氨基酸，所以吃起来既鲜嫩又不肥腻。常吃鲫鱼不仅能健身，还有助于降血压和降血脂，使人延年益寿。

春季养生推荐食材

【荠菜】

我国民间素有“农历三月三，荠菜赛灵丹”的说法，春秋战国时期成书的《诗经》里有“甘之如荠”之句，宋代大诗人陆游曾吟诗赞美“手烹墙阴荠，美若乳下豚。”

中医认为春季是阴气渐弱阳气渐强的时期，阴为聚、阳为散，冬季进补后很多毒素积聚体内，此时正好把内毒排出，所以在春季最适宜排毒强身。春天万物生发，最好利用蔬果排毒，而在此时节较好的选择是多吃荠菜。

荠菜又名护生草，是脍炙人口的野菜，富含蛋白质、碳水化合物、钙、磷、铁、胡萝卜素、维生素B_1、维生素B_2、尼克酸、维生素C、黄酮苷等，其中维生素C和胡萝卜素含量尤其丰富。荠菜具有清热止血、清肝明目、利尿消肿之功效，《名医别录》言其“主利肝气，和中”，《陆川本草》则认为它能“消肿解毒，治疮疖、赤眼”，孙思邈的《千金食治》中说荠菜有“杀诸毒”的功效。

荠菜食疗方法很多，可炒，可煮，可炖，可做馅，均鲜嫩可口、风味独特。

古时南方民间有风俗，逢到每年的农历三月初三（古称“上巳之日”），家家户户都要将荠菜花置于灶头。据说这样一来，灶上可以一年没有蚂蚁。直到现在，仍有许多百姓保留有此习俗。

蛤蜊荠菜肉丸

益气健脾，清肝明目，润肠。

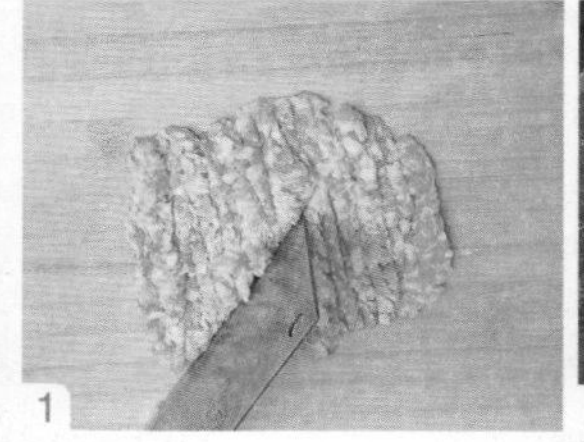

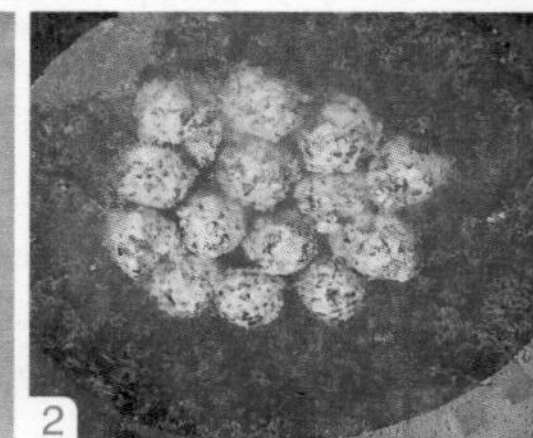

原料

猪肉（肥三瘦七）200克，蛤蜊400克，荠菜、木耳各50克

调料

盐、大葱、姜、鸡粉、胡椒粉、香油、料酒各适量

制作过程

1. 猪肉洗净，剁成肉馅。荠菜、木耳洗净，焯水后剁碎。大葱、姜切末，蛤蜊洗净。
2. 剁好的肉馅加葱姜末、料酒、盐、鸡粉、胡椒粉、水搅打上劲，加入荠菜末、木耳末搅匀，挤成丸子，入沸水中氽熟。
3. 锅内烧开水，放入洗净的蛤蜊煮至开口，捞出放在盘底。将氽好的丸子放入锅中，加盐调味，淋香油，浇在蛤蜊上即可。

荠菜鸡丸

功效 健脾，利水，止血，明目。

原料

鸡脯肉、荠菜各适量

调料

盐、白糖、葱姜水、美极上汤、香油、高汤各适量

制作过程

1. 鸡肉剁成泥。荠菜洗净切末，加鸡肉泥、葱姜水、盐搅匀成馅。
2. 将鸡蓉馅挤成丸子，用热水汆至熟透，盛入盅内。
3. 高汤烧开，加美极上汤、盐、白糖调味，淋香油，浇在盅内即可。

要点提示 荠菜要去掉老叶洗净，汆鸡丸时以断生为准。

春季养生推荐食材

【猪肚】

春季肝气旺盛，而肝气旺会影响到脾，所以春季易出现脾胃虚弱之症，养生保健需注重健脾胃。猪肚即猪胃，营养丰富，含有蛋白质、脂肪、碳水化合物、维生素及钙、磷、铁等，具有补虚损、健脾胃的功效，特别适宜气血虚损、身体瘦弱者食用，对于春季养生也是非常不错的选择。

玉竹白果煲猪肚

功效 滋补肝肾，润肺养胃。

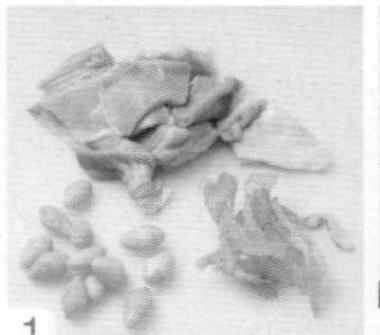

1

2

3

4

原料

玉竹15克，白果20克，猪肚250克，枸杞5克

调料

生姜片、葱段、清汤、盐、味精、白糖、胡椒粉、绍酒、香油各适量

制作过程

1. 玉竹、白果洗净。猪肚处理干净，切片。
2. 锅内入水烧沸，投入猪肚，中火煮至变硬，捞起用流水冲至凉透。
3. 瓦煲置火上，加入玉竹、白果、猪肚、枸杞、生姜、葱，注入清汤、绍酒。
4. 煲50分钟后调入盐、味精、白糖、胡椒粉，再煲30分钟，淋香油即成。

春季养生推荐食材

【鸡肉】

春季气温变化大，人体免疫力降低，容易患感冒。春季进补可以选择能提高免疫力、预防感冒的食材，例如鸡肉就是不错的选择。鸡肉入脾经、胃经，有温中益气、活血强筋、健脾养胃、补虚填精的功效，适合营养不良、畏寒怕冷、乏力疲劳、月经不调、贫血、虚弱等人群食用。

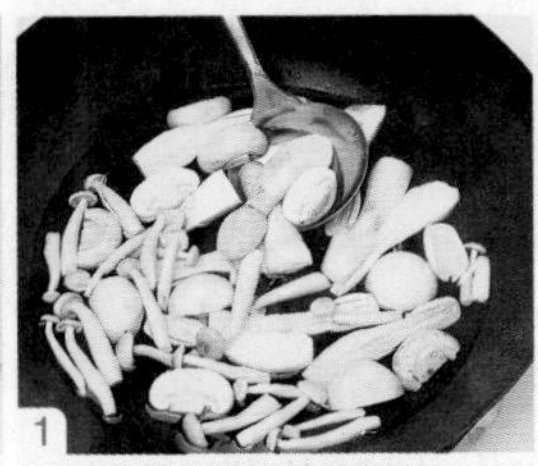

1

2

3

原料

小鸡1只，蟹味菇、鸡腿菇、口蘑各适量

调料

盐、鸡粉、白糖、料酒、香葱末、葱段、蒜瓣、清汤各适量

制作过程

1. 小鸡处理干净后洗净，各种菇焯水后控干。
2. 锅中加清汤、小鸡、焯水的各种菇、葱段和蒜瓣，中火烧开后转小火炖至鸡肉熟烂，拣去葱、蒜。
3. 加盐、鸡粉、白糖、料酒调味，撒入香葱末即可。

群菇炖小鸡

功效 补中益气，健脾化痰。

枸杞鸡肝汤

功效 滋补肝肾，明目，润肺。

1

2

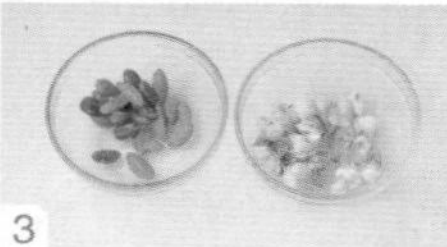

3

4

5

原料

鸡肝100克，银耳15克，茉莉花25朵，枸杞适量

调料

清汤、盐、味精、淀粉、料酒、姜片各适量

制作过程

1. 鸡肝洗净，切片，放碗中，加豆粉、料酒、盐拌匀。
2. 银耳用清水泡发，去蒂洗净，撕成小片。
3. 茉莉花用清水稍泡，去蒂洗净。枸杞洗净。
4. 清汤倒入锅内，加姜片、盐、银耳、枸杞、鸡肝片，烧沸后撇去浮沫。
5. 待鸡肝片煮熟后捞出，盛入碗内，放入味精搅匀，撒入茉莉花即可。

春季养生推荐食材

【鸡肝】

四季之中，论五行春天属木，而人体的五脏之中，肝也是木性，因而春气通肝，春季易使肝脏火旺。肝脏在人体内是主理疏泄与藏血，非常重要，故养肝应从春天开始。

中医认为，以脏补肝，鸡肝为先。鸡肝味甘而性温，可补血养肝，为食补养肝之佳品，较其他动物肝脏的作用更强，并且还可温胃。

夏季气候特点

夏天进补，冬病夏治，是夏季养生保健的一项重要原则。处于夏至日与立秋之间的三伏天，是一年中最炎热的时候，也是人体调补和治疗宿疾的最佳时机之一。

[立夏]

立夏是夏季开始的第一个节气，在每年阳历5月5日或6日。此时我国大部分地区农作物生长旺盛，气候逐渐转热，但早晚一般还比较凉爽。初夏季节应早睡早起，多沐浴阳光，注意情志的调养，要保持肝气的疏泄，否则就会伤及心气，使人在秋冬季节易生疾病。

[小满]

在每年阳历5月21日或22日。夏季万物生长最旺盛，人体生理活动也处于最旺盛的时期，消耗的营养物质为四季中之最多，应及时适当补充，才能使身体不受损伤。时至小满，春困夏乏，使人精神不易集中，应经常到户外活动，吸纳大自然清阳之气，以满足人体各种活动的需要。

[芒种]

芒种在每年阳历6月5日或6日，我国长江中下游地区将进入多雨的黄梅时期。在芒种后数日“入梅”（“进梅”），一般持续一个月左右。黄梅时节多雨潮湿，由于湿气能伤脾胃，从而影响消化功能，故此时要注意保护脾胃，并少食油腻食品。

夏季阳气旺盛，天气炎热，稍有不慎即易发生疾病，如急性肠胃炎、中暑、日光性皮炎、痢疾、乙脑、伤寒等是夏季易发的疾病，应注意预防。

[夏至]

夏至是二十四节气中较重要的一个节气，在每年阳历6月21日或22日。夏至以后，太阳逐渐南移，白昼自此逐渐缩短。由于太阳辐射到地面的热量仍比地面向空中发散的多，故在短期内气温继续升高。

[小暑]

在每年阳历7月7日或8日。“出梅（梅雨季节结束）”在小暑与大暑之间，各地气候不同，日期略有差异。夏季万物繁荣秀丽，天地气交，人们可晚睡早起，情志愉快不怒，适当活动，使体内阳气向外宣泄，才能与“夏长”之气相适应，符合夏季养“长”之机。老人、儿童、体弱者应适当减少户外活动，避免中暑。

[大暑]

大暑在每年阳历7月23日或24日，正值中伏前后，我国大部分地区已进入一年中最热的时期。近年来空调病的发病率逐渐升高，与天气炎热时将室内的温度降得过低有关，建议控制在27℃左右即可。

夏季进补原则

❶宜清淡可口，避免用黏腻败胃、难以消化的进补食材或药材。

❷重视健脾养胃，促进消化吸收功能。

❸宜清心消暑解毒，避免暑邪。

❹宜清热利湿，生津止渴，以平衡高温带来的体液的消耗。

夏季进补适用中药

西洋参、太子参、黄芪、茯苓、石斛、地骨皮、黄精、香薷、鲜荷叶、鲜竹叶、鲜藿香、鲜薄荷等。

夏季进补适用食物

薏米、蚕豆、莲子、荞麦、白扁豆、绿豆、大枣、菱角、莲藕、丝瓜、苦瓜、冬瓜、西瓜、西瓜皮、芦荟、黑木耳、猪肚、猪肉、牛肉、牛肚、鸡肉、鸽肉、鹌鹑肉、鹌鹑蛋、皮蛋、鲫鱼、龙眼肉、莲子、蜂乳、蜂蜜、鸭肉、牛奶、鹅肉、豆浆、豆腐、甘蔗、梨等。

丝瓜瘦肉汤

功效 清热凉血，解毒通便，润肌美容，通经活络。

原料

丝瓜250克，猪瘦肉200克，水发香菇100克

调料

盐适量

制作过程

1. 丝瓜削去皮，洗净，切片。猪肉洗净，切片。
2. 香菇切去菌柄，剞花刀。
3. 所有处理好的原料一起入锅，加适量清水煨煮成汤，加盐调味即可。

夏季养生推荐食材

【丝瓜】

瓜类性多寒凉，而夏季多雨且炎热，吃瓜有很好的养生作用，收获正当季节又最具清凉解热性质的瓜类蔬菜，当数丝瓜。丝瓜味甘、性凉，有清热凉血、解毒通便、润肌美容、通经络、下乳汁等功效，其中凉血解毒的清热作用比较强，可以作用到血液之中。取丝瓜络煮水服用，还能缓解风湿性关节炎、红肿热痛。

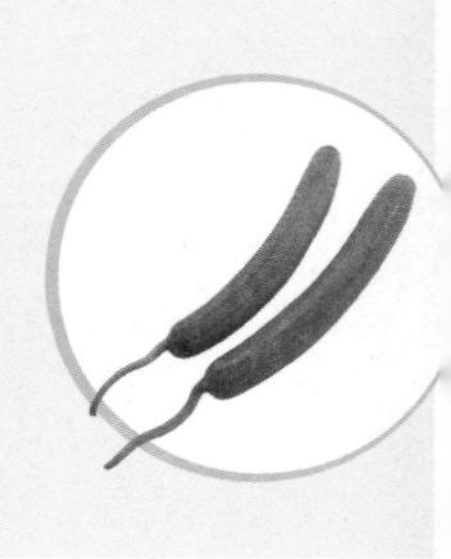

夏季养生推荐食材

【豆腐】

豆腐是人们食物中植物蛋白质的最好来源，有“植物肉”的美誉。豆腐所含豆固醇能降低胆固醇，抑制结肠癌的发生，预防心血管疾病。此外，豆腐中的大豆卵磷脂，还有益于神经、血管、大脑的发育生长。

传统中医认为，春夏肝火比较旺，应少吃酸辣、多吃甘味食物来滋补，豆腐就是不错的选择。它味甘性凉，具有益气和中、生津润燥、清热下火的功效，可以消渴、解酒等。

原料

干海带50克，豆腐100克，黄豆芽50克，白菜100克

调料

日产大酱、盐各适量

制作过程

❶ 干海带泡发，洗净，切块。黄豆芽择去豆皮和根须，洗净。

❷ 白菜洗净，切块。豆腐切块。

❸ 将海带、黄豆芽、白菜入锅，加水煮熟，放入豆腐块，调入大酱、盐，再煮10分钟即可。

大酱海带汤

功效 益气和中，生津润肠，清热解毒，利水消肿。

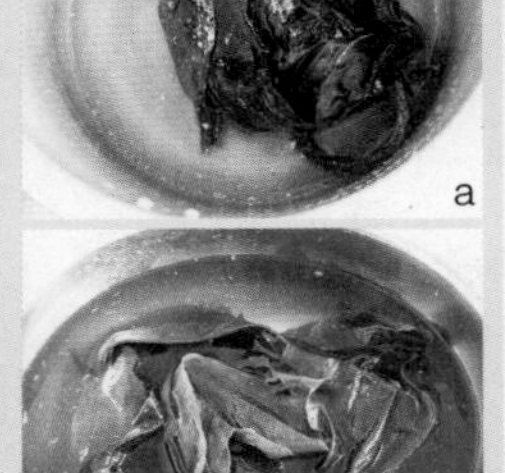

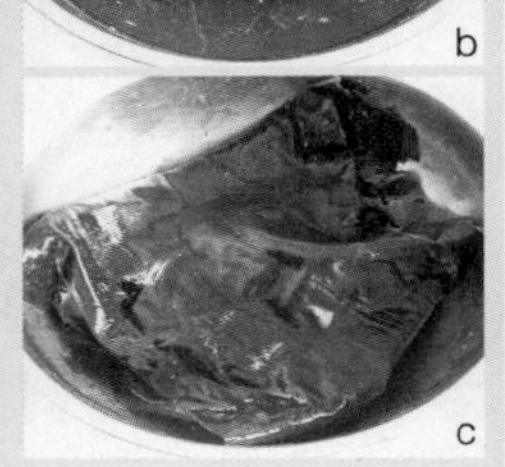

a. 干海带放入高压锅内，加少许水，放火上压3分钟。

b. 捞出海带放入凉水中，浸泡3小时以上，中途要换2次水。

c. 浸泡后再洗净表面的杂质即可。

夏季养生推荐食材

【冬瓜】

夏季气温高，人体丢失的水分增多，人们容易感到厌食、困乏和烦渴，须及时补充水分。瓜类蔬菜的含水量都在90%以上，不仅天然、洁净，而且具有生物活性，其中冬瓜的含水量居众菜之首。因此在潮热的夏日里多吃冬瓜，便成了清热消暑的好方法之一。

传统中医认为，冬瓜味甘性凉，有利尿消肿、降火解毒、润肺生津等功效，因其不含脂肪，且含糖量较低，故而对糖尿病、冠心病、高血压、水肿腹胀等疾病有着良好的食疗作用。同时，冬瓜中含有丙醇二酸，也为爱美人士所追捧，经常食用冬瓜有利于去除人体内过剩的脂肪，增进形体健美。

原料

水发海带60克，冬瓜250克，去皮蚕豆瓣50克

调料

香油、盐各适量

制作过程

1. 海带洗净，切成片。
2. 冬瓜去皮、瓤，洗净。
3. 将冬瓜切成长方块。蚕豆瓣洗净。
4. 炒锅置火上，加香油烧热，放入海带、蚕豆瓣略炒。
5. 炒锅内加入200毫升清水，加盖烧煮。
6. 至蚕豆将熟时放入冬瓜块，加盐调味，煮熟即可。

海带冬瓜豆瓣汤

功效 清热解暑，消痰祛脂，利水降压。

虾仁冬瓜汤

功效 清热解暑，益气健脾，化湿。

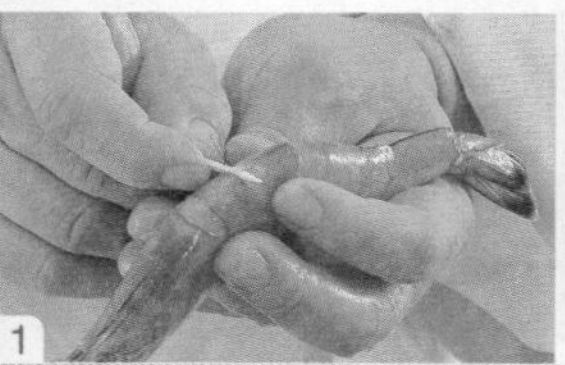

1

2

3

4

原料

虾100克，冬瓜300克

调料

香油、盐各适量

制作过程

❶ 虾去壳，剔除沙线，洗净后沥干水分，放入碗内。
❷ 冬瓜洗净，去皮、瓤，切成小骨牌块。
❸ 虾仁随冷水入锅，煮至酥烂时加冬瓜，煮至冬瓜熟软后加盐调味。
❹ 将煮好的汤盛入汤碗中，淋入香油即可。

去虾线，取虾仁

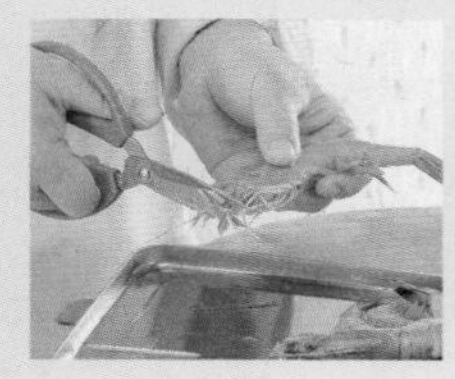

用剪刀剪去虾须、虾足。

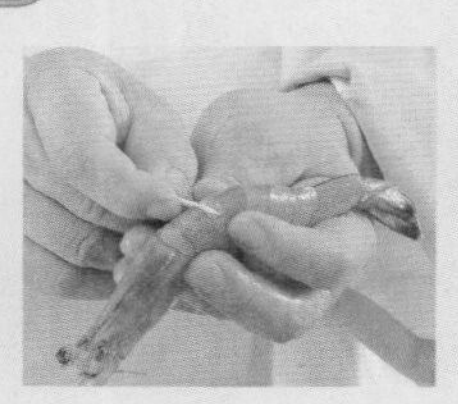

将牙签从虾背第二节上的壳间穿过。

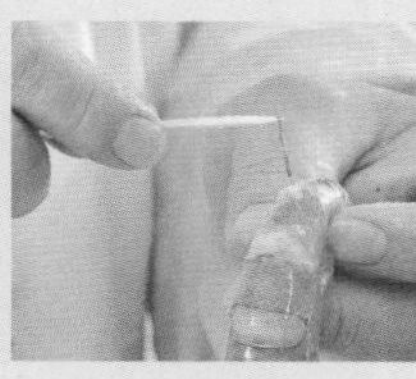

挑出黑色的虾线。

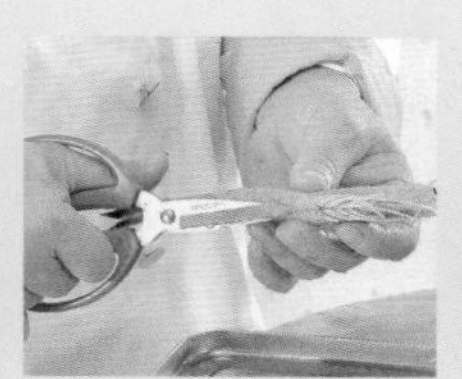

用剪刀剖开虾腹，择去虾头。

剥去虾壳，漂洗净黏液即可。

蛋花瓜皮汤

功效 清热解暑，除烦止渴，护肤美容。

原料

鸡蛋1个，西瓜皮、西红柿各适量

调料

葱花、盐、香油各适量

制作过程

1. 西瓜皮洗净，削去外皮，留部分果肉，改刀成形。
2. 西红柿切成片，鸡蛋磕入碗中打散，待用。
3. 炒锅置火上，加适量清水烧沸，放入瓜皮、西红柿片略煮，加盐，淋入蛋液，撒葱花，淋香油，出锅即可。

夏季养生推荐食材

【西瓜】

西瓜瓜瓤部分的94%是水分，还含有糖类、维生素、多种氨基酸以及少量的无机盐，这些是高温时节人体非常需要的营养；其次，所摄入的水分和无机盐通过代谢，还能带走多余的热量，达到清暑益气的作用。夏季中暑或其他急性热病出现的发热、口渴、尿少、汗多、烦躁等症，可通过吃西瓜来进行辅助治疗。

此外，西瓜的入药部分还有被中医称作“西瓜翠衣”的瓜皮。其实，瓜皮在清暑涤热、利尿生津方面的作用远胜于瓜瓤，瓜皮只要稍加烹调，就能成为夏季里一道难得的解暑菜品。最简单的方法莫过于削掉其外面的粗硬绿皮和残留的瓜瓤，切成条状，以香油、精盐及糖、醋拌食。

西瓜虽好，却属寒凉之品，体虚、胃寒、胃弱之人如若贪食过多，易引起腹痛、腹泻。西瓜还不宜与油腻之物一同食用，若与温热的食物或饮料同吃，则寒热两不调和，易使人呕吐。西瓜切开后，应尽快将其吃完，否则其甜美多汁的瓜瓤，最易成为细菌理想的“培养基”；而冰箱里存放的西瓜，取出后一定要在常温中放置一会儿再吃，以免损伤脾胃。

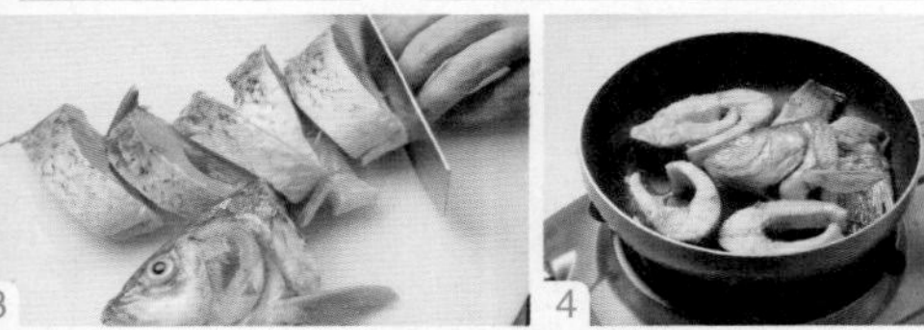

原料

鲤鱼1条（重约750克），鲜竹笋500克，西瓜皮500克，眉豆60克，红枣5颗

调料

生姜、盐各适量

制作过程

❶ 将竹笋削去硬壳、老皮，横切片，入水浸1天。
❷ 红枣洗净，去核。
❸ 鲤鱼去鳃、内脏、鳞，洗净，切大块。
❹ 将鲤鱼放入热油中略煎黄，盛出控油备用。
❺ 眉豆洗净，与西瓜皮、生姜、红枣、鲤鱼、竹笋一同放入开水锅内。
❻ 武火煮沸后转文火煲30分钟，加盐调味即成。

竹笋瓜皮鲤鱼汤

功效 滋补健胃，利水利尿，消肿通乳，清热解毒，止咳下气。

酒酿芦荟

功效 清热通便，排毒抗癌。

原料

芦荟、酒酿、玉米粒各适量

调料

白糖、蜂蜜各适量

制作过程

1 芦荟洗净，用刀片去外皮，取肉切丁。
2 将芦荟肉、玉米粒入沸水锅中焯水。
3 酒酿入锅，加清水烧开，调入白糖、蜂蜜，倒入芦荟丁和玉米粒烧开可。

夏季养生推荐食材

【芦荟】

进入伏天后，气温持续走高，潮湿闷热的天气让我们的味蕾变得萎靡不振。苦夏让很多人没了胃口，嘴巴发苦，这个时候清新独特的芦荟能激活人们的味蕾，成为盛夏餐桌上的重要角色。

芦荟是一种具有多项保健功能的植物，对人体细胞组织有再生、保护作用，能抗溃疡，调节内脏功能。芦荟中含有木质素、芦荟酸、大黄素、葡萄糖，以及少量的钙和蛋白质、矿物质等，营养成分及活性成分非常丰富，外用具有营养保湿、防晒、清洁、收缩毛孔、淡化色斑等美容功效。

芦荟品种有很多种，可供食用的却只有木立芦荟、上农大叶芦荟等几个品种，选购时一定要注意，以免误食。

夏季养生推荐食材

【薏米】

薏米为禾本科多年生草本植物薏苡的成熟种仁，中药里称“薏苡仁”。中医认为，其味甘淡、性微寒，有健脾益胃、利水渗湿、除痹、清热等功效，是辅助治疗脾虚湿盛所致的食少、腹胀、泄泻以及小便不利、水肿、身体困痛、肺痈、肠痈等病症的良药。薏米既可食，又入药，为食药俱佳之品。

夏季天气炎热，人体受暑热所伤，会导致食欲减弱、肠胃的消化功能降低，会引起大量出汗，消耗体内水分。同时因气候多雨，空气湿黏，人易感受湿邪，使脾胃功能受阻。以上因素同时作用，就会引起全身困重、神疲乏力、头晕心慌、食少纳呆、恶心呕吐等“苦夏”症状。薏米可健脾利湿，起到消暑、清补和健体作用。

原料 瘦鸡1只，薏米50克，天门冬7克，冬菇3个，白菜50克

调料 盐适量

制作过程

1. 薏米、天门冬分别浸泡一夜，洗净。
2. 冬菇泡发好，洗净，去蒂。
3. 白菜洗净，切块。
4. 鸡去毛，洗净，从鸡背剖开，取出内脏。
5. 将净鸡放入沸水中汆一下，取出冲净。
6. 鸡放入炖锅中，加入适量沸水，炖1小时。
7. 炖锅中放入冬菇、薏米及天门冬，再炖约30分钟。
8. 放入白菜，加盐调味，再稍炖即成。

薏米炖鸡

功效 益气健脾，利水渗湿，清热排脓。

芙蓉银耳

功效 补气益精，润肺利咽，清热解毒。

原料

银耳20克，蛋清1个

调料

盐、味精、胡椒粉、花生油、湿淀粉各适量

制作过程

1. 银耳泡发，择洗干净。蛋清加入清水、盐搅匀，入蒸锅蒸熟。
2. 炒锅内放适量油烧热，加水，放入银耳，烹入盐、味精、胡椒粉调味。
3. 烧开后用湿淀粉勾芡，淋在蒸熟的蛋清上即可。

夏季养生推荐食材

【银耳】

中医专家介绍，银耳可以滋阴、润肺、养胃、生津，适用于虚劳咳嗽、痰中带血、虚热口渴等症。夏季吃银耳，好处更多。具体用法如下：

1. 滋阴补液：夏季炎热的气候往往使人大汗淋漓，汗液大量流失就会使人肢体乏力，懒于动弹。要补充大量的体液，除了多喝白开水、热茶水以外，还可以饮用银耳石斛羹。取银耳10克、石斛20克，先将银耳泡发、洗净，再与石斛加水炖服，每日1次。

2. 防暑降温：夏季人们除了避免日晒、高温的环境外，还可制作冰糖银耳汤防暑。将银耳10克放入盆内，以温水浸泡30分钟，待其发透后摘去蒂头，拣去杂质，将银耳撕成片状，放入锅内，加水适量，以武火煮沸后，再用文火煎熬1小时，然后加入冰糖30克，直至银耳炖烂为止。
饮用前放冰箱内冰镇20分钟效果更佳。

3. 止咳润肺：患有支气管炎、支气管扩张、肺结核的病人在夏季容易犯病而发生咳嗽，服用银耳雪梨羹能减轻咳嗽症状。取银耳6克、雪梨1个、冰糖15克，将银耳泡发后炖至汤稠；再将雪梨去皮、核，切片后加到汤内煮熟，再加入冰糖即成。

秋季滋补汤

秋季气候特点

[立秋]

立秋在每年阳历8月7日或8日，我国习惯将立秋作为秋季的开始。立秋后阳气转衰，阴气日上，自然界由生长开始向收藏转变，故养生原则应转向敛神、降气、润燥、抑肺扶肝，这样才能保持五脏无偏。饮食增酸减辛，以助肝气。

[处暑]

处暑在每年阳历8月23日或24日。此时，我国大部分地区气温逐渐下降，雨量减少，空气中的湿度也相对降低，使人有秋高气爽之感。但此时燥气也开始生成，人们会感到皮肤、口鼻相对干燥，故应注意秋燥的预防，多吃甘寒汁多的食物，如各种水果、麦冬、芦根等。即使有时气候还偏炎热，也不宜多食冷饮冰糕，以保护脾胃消化功能。

[白露]

白露在每年阳历9月7日或8日。我国大部分地区气候转凉，更加干燥，会产生口干咽燥、干咳少痰、皮肤干燥、便秘等症状。秋天还是风湿病、高血压病容易复发的季节，所以要注意保暖，夜晚可盖薄被，以免引发旧疾，或感染新恙。晨起外出宜暖其服，勿空其腹，但食勿过饱。

[秋分]

秋分在每年阳历9月23日或24日。秋风送爽，是人们感觉最舒适的一个季节，故在此时应多去户外活动。秋分时节宜动静结合，调心肺，动身形，畅达神态，流通气血，对身心健康大有裨益。

[寒露]

寒露在每年阳历10月8日或9日。由于天气渐渐寒冷，人体血管也开始收缩，应注意预防冠心病、高血压、心肌炎等复发。小儿、老人尤其要随时留意免受风寒，但又要注意适当“秋冻”。这种保养方法使人体的毛孔处于关闭状态，抗寒的能力大大增强，对体弱者预防感冒极为有益。

[霜降]

在每年阳历10月23日或24日。阴气更甚于前，切忌受寒，晨起宜略晚为宜，以避寒气。体内有痰饮宿疾的人，每到这一季节容易发作，预防方法除谨避风邪外，还应注意饮食起居，避免醉饱及生冷。

时值霜降，人体脾气已衰，肺金当旺，饮食五味以减少味辛食物，适当增加酸、甘食物为宜，酸甘化阴可益肝肾，而甘味入脾，可以巩固后天脾胃之本。

秋季进补原则

秋季养阴是顺应四时养生的基本原则，秋季进补的原则为滋阴润燥、养肺。

❶注意食物的多样化和营养的均衡。

❷宜多吃耐嚼、富含膳食纤维的食物。选择具有润肺生津、养阴清燥作用的瓜果蔬菜、豆制品及食用菌类。

❸宜多食粗粮，如红薯等，预防便秘。

秋季进补适用食物

龟肉、鳖肉、黄鳝、牡蛎、猪肝、猪肺、兔肉、鸭肉、鸭蛋、龙眼肉、燕窝、蜂乳、蜂蜜、牛奶、白木耳、香菇、甘蔗、梨、香蕉、枸杞头、马蹄、山药等。

秋季进补适用中药

西洋参、百合、蛤蚧、沙参、太子参、地骨皮、阿胶、天冬、麦冬、熟地、枸杞子、黄精、玉竹等。

银杏炖鸭条

功效 滋阴润肺，止咳平喘。

原料

鸭条200克，银杏30克，枸杞10克

调料

盐、清汤、料酒、葱姜片、花椒各适量

制作过程

1. 鸭条加葱姜片、料酒、盐、花椒腌15分钟，煮熟备用。
2. 炖盅内加入银杏、枸杞、鸭条、清汤、盐、葱姜片，上笼蒸15分钟至鸭条熟透入味取出，去掉葱姜即可。

秋季养生推荐食材

【白果】

白果又名银杏，其功效很多，对各种虚证都有补益作用：对肺病久咳、气喘乏力者，有补肺定喘的作用；对体虚、白带多的女子，有补虚止带的作用；对年老力衰、小便清长、夜间尿多者，有补肾缩尿的作用。

需注意的是，生白果含有一定量的毒素，所以千万不要生吃；若用来做菜，则需先去掉壳和附在白果肉上的一层薄膜。虽然白果是秋令补益佳品，但消化不良、腹胀、发热者不宜食用。

【山药】

山药自古就被称为是药食兼备之品，有补脾养胃、生津润肺、补肾涩精的作用，特别适宜秋季食用。

秋季常见病是腹泻，有些是功能性的，这时吃山药就能发挥作用。平时体虚之人，应趁秋凉时加紧进补，山药补而不热、温而不燥，常吃有益无害。久病虚损的慢性咳嗽，可以吃山药调养，每天250克左右，坚持服用。山药补脾的同时还能补肾，遗精、尿频都是肾虚所致，所以经常吃点山药，可以辅助预防肾虚。妇女白带增多，无色无味者，不论是脾虚带下还是肾虚带下，常食山药一定奏效。山药能生津润燥，故有滋养皮肤、毛发的功能，而秋季皮肤极易干燥，毛发易枯槁，多吃山药能润泽皮肤和毛发。

原料

兔肉200克，淮山30克，党参15克，枸杞15克，大枣6个

调料

姜片、葱段、植物油、盐、料酒、味精各适量

制作过程

1. 兔肉切块，用沸水洗净。
2. 兔肉块与淮山、党参、枸杞、大枣同放锅内，加适量水。
3. 文火炖煮1小时后捞出兔肉，控干水分。
4. 炒锅加油，武火烧至七成热，爆香姜片，放入兔肉略炒。
5. 加入料酒、盐，倒入炖煮兔肉的汤汁。
6. 烧开后放入葱段，待再煮开两滚后拣去葱段、姜片，加入味精，起锅即可。

淮山兔肉补虚汤

功效 补中益气，滋阴养肺，凉血解毒。

罐焖鸭块

功效 益气滋阴，清肺化痰。

原料

鸭块300克，笋块、香菇各30克

调料

盐、料酒、白糖、葱段、姜片各适量

制作过程

❶ 笋和香菇改刀成块。

❷ 鸭块氽水后洗净。

❸ 鸭块、笋块、香菇块一同装罐中，加盐、白糖、料酒、葱段、姜片调味，将罐封口，上笼蒸至鸭块熟烂时取出，拣去葱段、姜片即可上席。

秋季养生推荐食材

【鸭肉】

鸭肉营养丰富，其蛋白质和含氮浸出物均比畜肉多，所以肉味尤为鲜美，且老鸭比幼鸭鲜美，野鸭比老鸭更香。鸭肉中脂肪含量适中，约为7.5%，比鸡肉高，比猪肉低，均匀地分布于全身组织中。脂肪酸主要是不饱和脂肪酸和低碳饱和脂肪酸，因此熔点低，易于消化。鸭肉是含B族维生素和维生素E比较多的肉类，还含有0.8%~1.5%的无机物，故享有“京师美馔，莫妙于鸭”、“无鸭不成席”之美誉。尤其当年养到秋季的新鸭，肉质细嫩肥美，令人垂涎。

鸭属于水禽，其肉味甘性凉，可补内虚、消热毒、利水道，适用于头痛、阴虚失眠、肺热咳嗽、肾炎水肿、小便不利、低热等症，特别适宜在夏秋的燥热季节食用。

什锦鸭羹

功效 滋阴润肺，益气养胃，利水消肿。

原料 鸭肉100克，火腿、香菇、笋、青豆、口蘑各20克，海参、鱼肚各50克

调料 盐、美极上汤、湿淀粉、清汤、白糖、胡椒粉各适量

制作过程

❶ 原料除青豆外全部切成丁，汆水后洗净。

❷ 锅内加清汤烧开，放入处理好的原料，加盐、美极上汤、白糖、胡椒粉调味，用湿淀粉勾芡，盛在汤碗内即可。

笋烩烤鸭丝

功效 滋阴润肺，益气养胃。

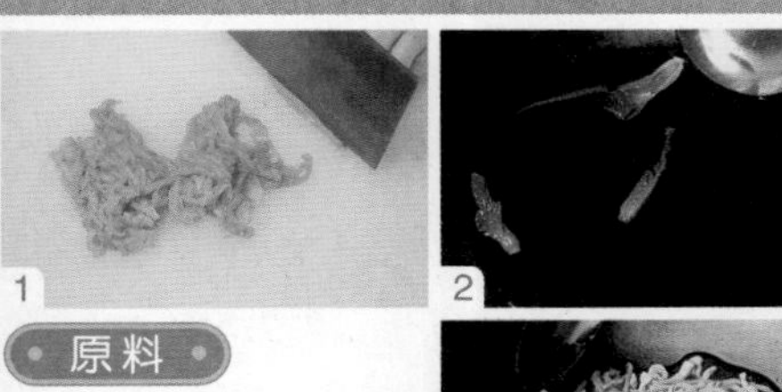

原料

熟烤鸭肉200克，猪里脊肉100克，笋丝、油菜各30克

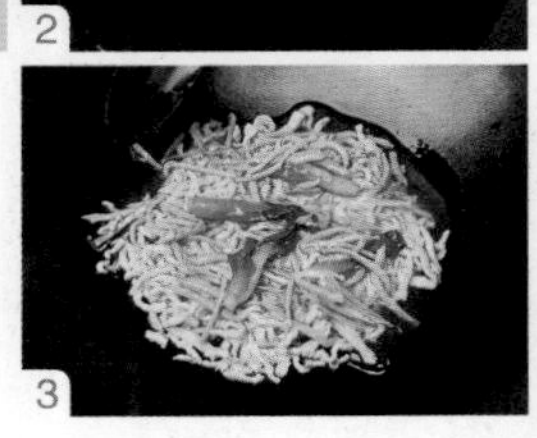

调料

花生油、盐、料酒、蛋清、湿淀粉、葱段、香油、清汤各适量

制作过程

❶ 鸭肉切丝，备用。里脊肉切丝，加湿淀粉、蛋清上浆。

❷ 用五成热油将里脊肉滑熟，倒出。笋丝、油菜焯水备用。

❸ 起油锅烧热，放入葱段炸至金黄色，捞出弃去，放入鸭丝、里脊丝，加清汤、盐、料酒调味，放入笋丝、油菜稍煮，勾芡，淋香油，盛在汤盘中即可。

秋季养生推荐食材

【冬笋】

笋，在我国自古被当作“菜中珍品”，含丰富的蛋白质、氨基酸、脂肪、糖类、钙、磷、铁、胡萝卜素、维生素B_1、维生素B_2、维生素C等，具有低脂肪、低糖、高纤维的特点，食笋能促进肠道蠕动、帮助消化、去积食、防便秘、预防大肠癌，对肥胖症、冠心病、高血压、糖尿病和动脉硬化等患者有一定的食疗作用。养生学家认为，竹林丛生之地的人们多长寿，且极少患高血压，这与经常吃笋有一定关系。

冬笋是楠竹竹根鞭上长出的幼芽，夏季孕育，冬季长大后挖取，故名冬笋。产地一般都在山区，生长在土净、水净、空气净的环境中，且又不施任何农药，是十分地道的绿色蔬菜。冬笋的肉质细嫩，味鲜爽口，素有“金衣白玉，蔬中一绝”之美誉，烹调时无论是凉拌、煎炒还是熬汤，均鲜嫩清香，诱人食欲。

原料

麻鸭1只，菜心、笋、火腿各30克，瘦肉50克

调料

盐、白糖、胡椒粉、料酒、葱姜片、花椒各适量

制作过程

1. 鸭处理干净，氽水后洗净。笋、火腿、瘦肉分别切片。菜心焯水待用。
2. 沙锅中加水，放入鸭及笋片、火腿片、瘦肉片、葱姜片、料酒，烧开后慢火炖2.5小时。
3. 拣出葱姜，加入菜心，加盐、白糖、胡椒粉、花椒调味，烧开后打去浮沫即可。

笋片菜心炖麻鸭

功效 益气滋阴，清肺化痰。

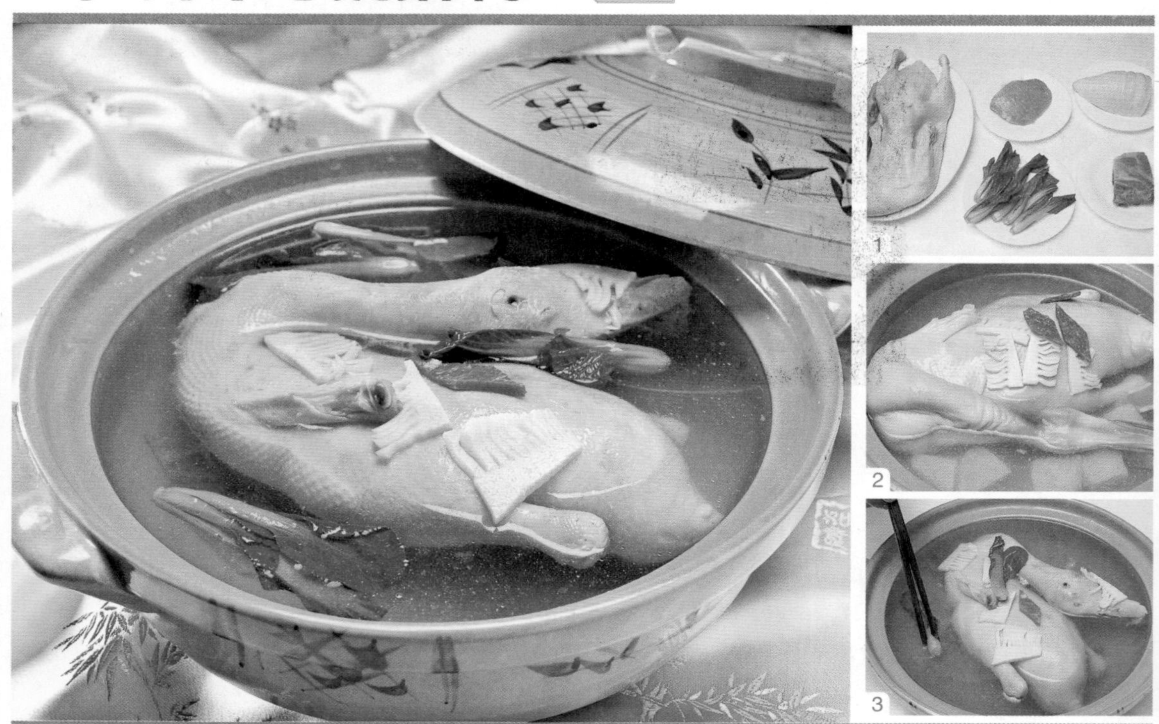

竹笋香菇汤

功效 益气利水，清肺化痰。

原料

香菇25克，竹笋15克，姜5克，金针菇110克

调料

清汤300克，盐各适量

制作过程

1. 将香菇用清水泡发，切去硬蒂，切丝。姜、竹笋分别切丝。金针菇洗净，切去根。
2. 竹笋、姜丝放在汤锅中，加适量清水煮15分钟。
3. 锅中放入香菇、金针菇煮5分钟，放盐调味即可。

笋的预处理

a.用刀从笋尖至笋根划一刀。 b.从开口处把笋壳整个剥掉。 c.靠近笋尖的部分斜切成块。 d.靠近根部的部分横切成片。

牡蛎鸡蛋汤

功效 清肺补心，滋阴养血。

原料

牡蛎肉200克，蘑菇200克，鸡蛋1个，紫菜50克

调料

香油、盐、姜片各少许

制作过程

1. 蘑菇洗净，撕成片。
2. 鸡蛋磕入碗中，打散。
3. 牡蛎肉洗净备用。
4. 锅中加适量清水烧沸，倒入蘑菇、姜片煮20分钟。
5. 加入牡蛎肉、紫菜煮熟。
6. 淋入鸡蛋液，加香油、盐调味即成。

秋季养生推荐食材

【牡蛎】

经过漫长而炎热的夏季，人们通常身体能量消耗大而进食较少，因而在气温渐低的秋天，就有必要调补一下身体，也为寒冬的到来蓄好能量。牡蛎俗称蚝，别名蛎黄、蚝白、海蛎子，鲜牡蛎肉青白色，质地柔软细嫩。欧洲人称牡蛎是“海洋的玛娜”（即上帝赐予的珍贵之物）、“海洋的牛奶”，古罗马人把它誉为“海上美味”，日本人则称其为“根之源”、“海洋之超米”。秋季是牡蛎非常鲜美的季节，此时的牡蛎处于繁殖期，分泌出一种以葡萄糖为主要成分的乳状液体，因此滋味极为鲜嫩多汁。牡蛎肉富含微量元素锌及牛磺酸等，可以促进胆固醇分解，有助于降低血脂水平，具有极佳的保健功效。

冰糖枸杞百合

功效 润肺止咳，清心安神。

原料

百合、枸杞各适量

调料

冰糖适量

制作过程

1. 百合洗净去根，掰成瓣。枸杞用热水泡软，冰糖敲碎。
2. 锅置火上，注入适量清水，投入百合和冰糖烧开，煮约3分钟。
3. 放入枸杞再煮几分钟，起锅装入碗中即可。

秋季养生推荐食材

【百合】

百合最有价值的部位，是在秋季采挖的根部。秋季，干燥的气候条件特别容易影响到人体的肺部，引起口干咽燥、咳嗽少痰等症状。而此时采挖的百合根，味甘微苦、性平，入心、肺经，能润肺止咳、清心安神，对肺部的燥热病症有较好的治疗效果。汉代的名著《金匮要略》中就记载了不少以百合为主药的药方，如“百合丹”等，至今仍受到医者的推崇。

百合加粳米煮粥，可生津补阴，适宜老年人和久病体虚者，特别是心烦失眠、低热易怒者食用。百合粥中加甜杏仁，对肺阴虚所致久咳、干咳无痰、气逆微喘者有益。单用百合煨烂，加适量白糖，可作为肺结核患者食疗的佳品。百合加绿豆同煮，能除燥润肺，还能清热解暑。

荸荠雪梨鸭汤

功效 滋阴清热，生津止渴，润燥化痰，清音明目。

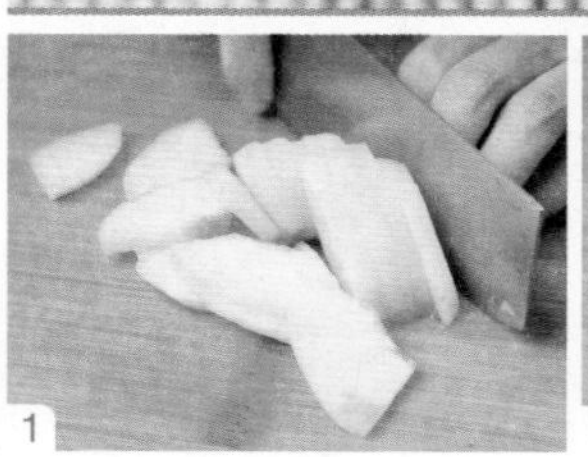
1

2

3

4

原料

荸荠100克，鸭块250克，雪梨2个

调料

盐少许

制作过程

1. 雪梨去皮、核，切片。
2. 荸荠削去皮，切片。
3. 将雪梨、荸荠与鸭块入锅中。
4. 加适量水同煮至熟，加少许盐调匀即可。

秋季养生推荐食材

【荸荠】

荸荠又名马蹄，不仅肉质鲜嫩，清甜爽口，其营养丰富程度可与水果相媲美，而且对多种疾病具有辅助治疗作用。现代药理研究发现，荸荠含有丰富的蛋白质、糖类、脂肪，以及多种维生素和钙、磷、铁等矿物质，有清热生津、利咽化痰之功效，对热病烦渴、便秘、阴虚肺燥、痰热咳嗽、咽喉肿痛、肝阳上亢等病症有很好的辅助治疗作用。秋季天干物燥，人体容易被燥气所伤，而荸荠恰逢秋季上市，其清热生津功效又可解除此种问题，故秋季适宜多吃荸荠。

秋季养生推荐食材

【菠萝】

菠萝中含有丰富的糖类、脂肪、蛋白质，以及钙、磷、铁、胡萝卜素、尼克酸、抗坏血酸等。菠萝有助于消化，主要是由于其中含有的菠萝蛋白酶在起作用。这种酶在胃中可分解蛋白质，补充人体内消化酶的不足，促进消化不良的病人恢复正常消化机能。此外，菠萝蛋白酶对肾炎、高血压、支气管炎也有一定的治疗作用。

中医认为，菠萝味甘、微酸，性平，有补益脾胃、生津止渴、润肠通便、利尿消肿等功效，可辅助治疗中暑烦渴、肾炎、高血压、大便秘结、支气管炎、血肿、水肿等疾病，并对预防血管硬化及冠状动脉性心脏病有一定的作用，特别适宜在暑热未全消、秋老虎已发威的季节里食用。

原料

鸡脯肉500克，菠萝400克

调料

盐、白糖、上汤、鸡粉、淀粉、花生油各适量

制作过程

1. 鸡脯肉片成片，加湿淀粉上浆。菠萝切片，下沸水锅焯水备用。
2. 鸡肉片用温油划熟，倒出控油。
3. 锅中注入上汤，放入鸡片、菠萝片，加盐、白糖、鸡粉调味烧开，装盘即可。

菠萝鸡片汤

功效 补脾养肺，健胃消食，清胃解渴。

川贝梨煮猪肺

功效 补肺益气，化痰止咳，清热散结。

原料

川贝母10克，梨2个，猪肺1个

调料

冰糖适量

制作过程

1. 将川贝母研成细末。
2. 猪肺处理好（具体步骤见本书第124页），洗净，切小块。
3. 梨削皮，去核，切成小块。
4. 将川贝母、梨块、猪肺块同煮成汤，加适量冰糖调味即可食用。

秋季养生推荐食材

【梨】

梨鲜嫩多汁、酸甜适口，所以又有“天然矿泉水”之称。在秋季气候干燥时，人们常感到皮肤瘙痒、口鼻干燥，而梨就是最佳的补水护肤品。梨味甘、微酸，性寒凉，具有生津止渴、润燥化痰之功效。

银耳梨片汤

功效 滋阴润肺，生津润燥，清热化痰。

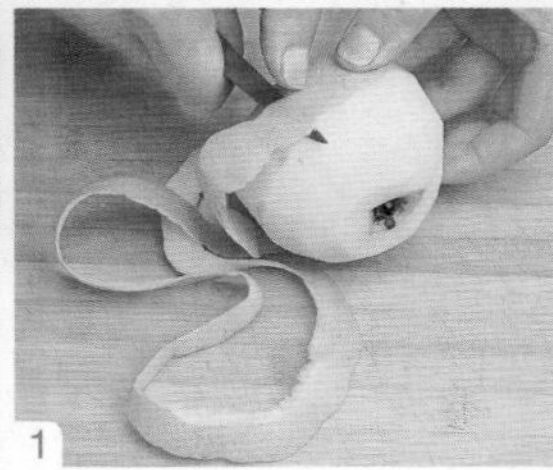

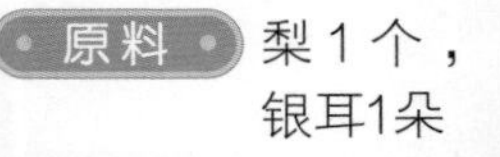

原料 梨1个，银耳1朵

调料 冰糖适量

制作过程

❶ 梨洗净，去皮去核，切成片。

❷ 银耳用水泡发，洗净去杂质。

❸ 锅置火上，加入适量水，放入梨片和银耳，加冰糖烧开，撇去浮沫，用小火熬10分钟，起锅盛入汤碗中即可。

烩黄梨羹

功效 润肺止咳，消食化积，活血散瘀。

原料

黄梨1个，山楂糕100克

调料

白糖、湿淀粉各适量

制作过程

❶ 黄梨去皮、核，切成小丁，待用。

❷ 山楂糕切小丁，待用。

❸ 锅置火上，加入适量水，下入白糖，煮至糖化水开时撇去浮沫，放入黄梨丁，用湿淀粉勾芡，起锅盛在汤碗内，撒上山楂糕丁即可。

冬季滋补汤

冬季气候特点

[立冬]

立冬在每年阳历11月7日或8日，我国习惯将立冬作为冬季开始的节气。黄河中、下游地区开始结冰，万物收藏，人们要特别要注意防寒保暖，以保护人体阳气。

[小雪]

小雪在每年阳历11月22日或23日。天气逐渐寒冷，人体易患呼吸道疾病，如上呼吸道感染、支气管炎、肺炎等，特别是小儿，很容易引起感冒和支气管炎。这个时节仍应坚持慢慢加衣，不要一下子穿得太厚。穿衣原则是以不出汗为度，避免汗孔大开，引风邪寒气侵入人体。此时期要适当减少户外活动，注意保暖，避免阳气的消耗。

[大雪]

大雪在每年阳历12月7日或8日。此时节人应早睡晚起，保持沉静愉悦。避免受寒，保持温暖，室温以16～20℃最为理想，湿度以30%～40%为宜。

[冬至]

冬至又称“圣节”，或叫“大冬”，在每年阳历12月21日或22日。冬至是一年中白昼最短、夜晚最长的一天，是天地阴阳气交的枢机。阴盛阳衰，阴极生阳，一阳萌动，是人体阴阳气交的关键时刻，也是一年中最寒冷时期的开始，生活起居要注意防冻保暖。许多宿疾易在这一时期发作，如呼吸系统、泌尿系统疾病，且发病率相当高。

[小寒]

小寒在每年阳历的1月5日或6日，此时要注意防寒保暖，减少户外活动。冬季阳气在内，阴气在外，人们应早睡晚起，不要让皮肤出汗耗阳，使人体与“冬藏”之气相应，但仍应积极参加健身运动和娱乐活动，运动量以适度为宜。

[大寒]

大寒是冬季最后一个节气，也是一年中最后一个节气，在每年阳历1月20日或21日。大寒正值三九后，气温很低，人体应固护精气，滋养阳气，将精气内蕴于肾，化生气血津液，促进脏腑生理功能。在大寒时节，更应注意防寒保暖，防止冻疮和促进四肢末梢的血液循环。大寒虽为最严寒的时节，但离春天已经不远了。

冬季进补原则

❶冬季进补应以补肾健身为主，培本固元，增强体质。

❷可以选择补益力较强、针对虚证的补品。只要虚证的诊断结果正确，整个冬季都应坚持进补，必能增强体质，促进健康。

❸虽然冬季可以服用滋腻的补品，但还是要控制每次的进补量，避免倒胃口，影响正常的饮食和今后的进补。

❹冬季是老年人容易发病的季节，如恰逢旧病发作或发烧等，进补应暂停，待病情稳定后再结合疾病致虚的情况进补。

冬季进补适用食物

糯米、胡桃肉、羊肉、狗肉、牛肉、鹿肉、虾、猪肾、鸽蛋、鹌鹑、鸡肉、黄鳝、海参、鱼鳔、黑豆、黑芝麻、黑米、羊肾、韭菜等。

冬季进补适用中药

冬虫夏草、黄狗肾、海马、旱莲草、人参、鹿茸、补骨脂、益智仁、杜仲、牛膝、山药、何首乌、苁蓉、巴戟天、枸杞子、骨碎补、狗脊、韭子、续断、覆盆子、菟丝子、干姜、辣椒、胡椒、砂仁、草果。

三羊开泰

功效 益气养血，健脾厚肠。

原料

羊肉、羊血、羊肠各150克

调料

火锅料、辣椒油、盐、味精、白糖、汤、花生油各适量

制作过程

1. 羊肉、羊血、羊肠煮熟改刀，氽水备用。
2. 锅内加油烧热，入火锅料炒香，加少许汤，下入羊肉、羊血、羊肠、盐、味精、白糖炖制入味。
3. 锅时淋辣椒油即可。

冬季养生推荐食材

【羊肉】

寒冬腊月正是吃羊肉的最佳季节。在冬季，人体的阳气潜藏于体内，身体容易出现手足冰冷、气血循环不良的情况。按中医的说法，羊肉味甘而不腻，性温而不燥，具有补肾壮阳、暖中祛寒、温补气血、开胃健脾、补阴虚、壮肾阳、增精血的功效，所以冬天吃羊肉，既能抵御风寒，又可滋补身体，实在是一举两得的美事。

需注意的是，发热病人慎食羊肉；水肿、骨蒸、疟疾、外感、牙痛及一切热性病证者禁食羊肉。红酒和羊肉一起食用后会产生化学反应，因此吃羊肉时最好不要喝红酒。

萝卜豆腐炖羊肉

功效 益气血，壮肾阳，补虚劳，健脾胃，理虚寒，补形衰。

原料

羊肉200克，萝卜、豆腐各50克

调料

香菜、香油、盐、胡椒粉、味精、葱、姜块各适量

制作过程

1. 羊肉切小块，下沸水锅焯熟，捞出洗净。
2. 萝卜去皮，切块，入沸水中汆熟，捞出沥净水分。
3. 豆腐切成与萝卜相同大小的块。香菜择洗干净，切成碎末。
4. 汤锅加清水烧开，下入羊肉、葱、姜块、盐。
5. 炖至羊肉八成熟时加入萝卜、豆腐，炖至熟烂。
6. 加味精，撒胡椒粉、香菜末，淋上香油，出锅即可。

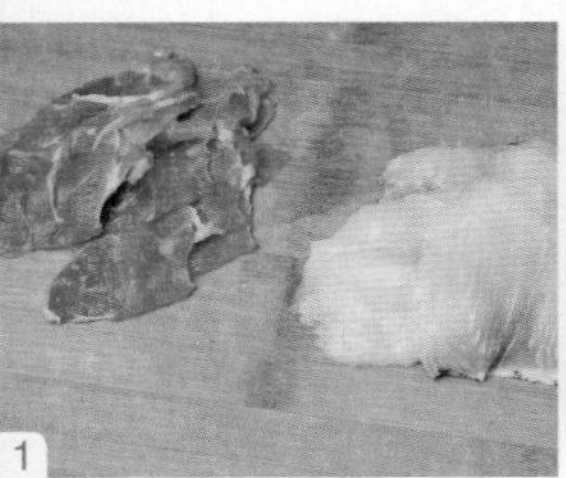

原料

净羊肉200克，净鱼肉350克

调料

葱片5克，姜片5克，盐5克，鸡粉3克，胡椒粉5克，高汤500克，熟猪油30克，香葱末少许

制作过程

❶ 净鱼肉、羊肉改刀切片，加盐码味。
❷ 炒锅上火，加入熟猪油烧热，放入葱姜片煸香。
❸ 加高汤烧沸，下羊肉片、鱼肉片烧5分钟。
❹ 用盐、鸡粉、胡椒粉调味，撒香葱末，出锅即可。

鱼羊鲜

功效 补虚劳形衰，祛寒冷，益肾气，开胃健力，通乳治带，助元阳，生精血。

羊肉虾皮羹

功效 补肾，健脾，润肺，壮骨。

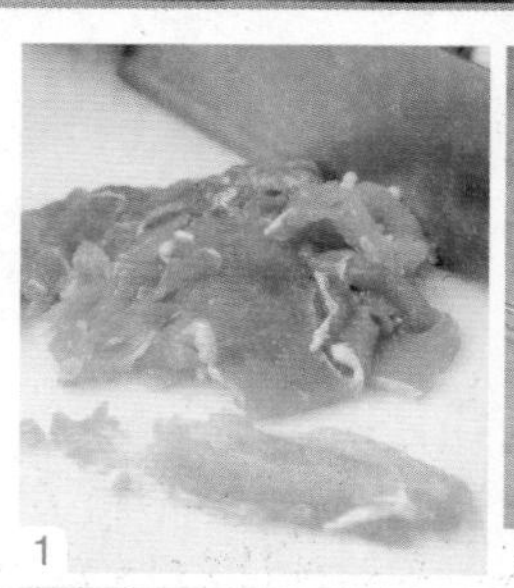
1

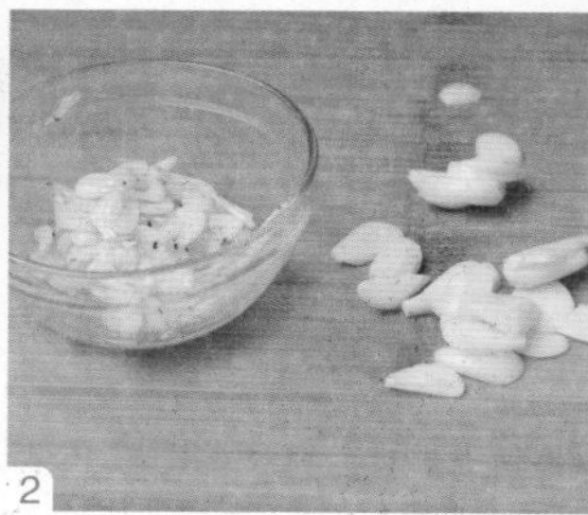
2

3

4

原料

羊肉150～200克，虾皮30克

调料

大蒜40～50克，葱少许

制作过程

❶ 羊肉洗净，切成薄片备用。
❷ 虾皮洗净，蒜切片，葱切葱花。
❸ 锅置火上，加水烧开，放入虾皮、蒜片、葱花。
❹ 待虾皮煮熟后放入羊肉片，再稍煮至羊肉片熟透即可。

羊肉番茄汤

功效 益气血，壮肾阳，补虚劳，健脾胃。

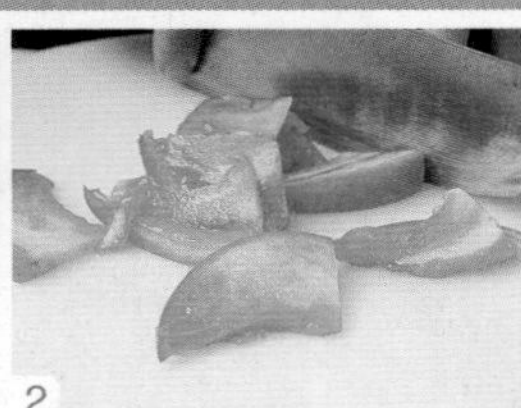

原料

熟羊肉250克，西红柿200克

调料

盐、味精、香油、羊肉汤各适量

制作过程

1. 羊肉切成小薄片。
2. 西红柿洗净，去蒂，切成瓣。
3. 锅内加入羊肉汤，放入羊肉片、盐稍煮。
4. 放入西红柿，烧开后撇去浮沫，放味精、香油，装碗即可。

玉米羊肉汤

功效 益气血，壮肾阳，补虚劳，健脾养胃，利水渗湿。

原料

羊肉300克，鲜玉米粒300克

调料

盐、胡椒粉、味精各适量，料酒15克，高汤1000克，香菜末3克

制作过程

1. 羊肉洗净，切丁，加盐、料酒腌制入味。
2. 高汤入锅烧沸，放入玉米粒，加入盐、胡椒粉、味精调味。
3. 再放入羊肉丁煮熟，撒香菜末即可。

鲜人参炖鸡

功效 温中益气，滋补肝肾，补精填髓。

原料

小鸡1只，鲜人参2棵，枸杞10颗

调料

盐、白糖、料酒、姜片、香菜末、上汤、花椒各适量

制作过程

1. 小鸡从背部开刀，去除内脏，冲洗干净。
2. 锅中加上汤、鲜人参、小鸡、枸杞、姜片、花椒，中火烧开，转小火炖烂。
3. 拣去姜片、花椒，加盐、白糖、料酒调味，撒香菜末即可。

冬季养生推荐食材

【鸡肉】

常言道："逢九一只鸡，来年好身体"，即是说冬季人体对能量与营养的需求较多，经常吃鸡进行滋补，不仅可以更好地抵御寒冷，而且可以为来年的健康打下坚实的基础。

鸡肉的食疗价值很高，中医认为鸡肉具有温中益气、补精填髓、益五脏、补虚损的功效，可用于脾胃气虚、阳虚引起的乏力、胃脘隐痛、浮肿、产后乳少、虚弱头晕的调补。但用鸡肉进补时需注意公鸡和母鸡作用有别：公鸡肉性属阳，温补作用较强，比较适合阳虚气弱患者食用；母鸡肉属阴，比较适合产妇、小儿等体弱多病者食用。

冬季是感冒流行的季节，对健康人而言，多喝些鸡汤可提高自身免疫力，将流感病毒拒之门外；对于那些已被流感病毒"俘虏"的患者而言，多喝点鸡汤有助于缓解感冒引起的鼻塞、咳嗽等症状。

但需注意：鸡肉含有丰富的蛋白质，为了避免加重肾脏负担，尿毒症患者禁食；鸡肉性温，为了避免助热，高烧患者及胃热嘈杂患者禁食；鸡肉中磷的含量较高，为了避免影响铁剂的吸收，服用铁剂时暂不要食用鸡肉。鸡的臀尖是细菌、病毒及致癌物质的"仓库"，不宜食用。

汽锅鸡

功效 温脾胃，补肝肾，益智安神，美容养颜。

原料

肥鸡1只，香菇、冬笋、火腿各适量

调料

盐、料酒、白糖、胡椒粉、葱段、姜块各适量

制作过程

❶ 鸡剁成块，洗净待用。香菇、冬笋、火腿改刀成块。

❷ 汽锅中加入鸡块、香菇、冬笋、火腿及葱段、姜块，加盐、料酒、白糖调味，中火煮30分钟至鸡块熟透，拣去葱、姜，撒胡椒粉即可。

参芪鸡汤

功效 补气补血，益气健脾，生津润肺。

原料

母鸡1只，黄芪15克，炮姜6克，党参、仙鹤草各适量

调料

盐适量

制作过程

❶ 将母鸡宰杀，去杂洗净，待用。

❷ 将黄芪、炮姜、党参和仙鹤草一并装入鸡腹内。

❸ 将鸡放入沙锅中，加适量水，炖至鸡肉酥软、汤成，加少许盐调味即可。

五更肠旺

功效 益气养血，壮骨健体，生津润肺，润肠通便。

原料 熟大肠、酱猪头肉、猪血、猪肺、猪棒骨各100克，油菜50克

调料 白胡椒粒、鱼露、盐、味精、香油、葱、姜、花生油各适量

制作过程

1. 将大肠、猪血、猪肺、猪头肉切片，汆水备用。油菜择洗净，汆水。
2. 锅中加水，放入棒骨，急火煮至汤色奶白。
3. 锅中加油烧热，爆香葱、姜、白胡椒粒，注入骨汤，入盐、味精、鱼露调味，加入油菜和汆好水的主料煮3分钟，淋香油即可。

冬季养生推荐食材

【猪骨】

猪骨即猪的骨头，我们经常食用的是排骨和腿骨。猪骨性温，味甘、咸，入脾、胃经，有补脾气、润肠胃、生津液、丰机体、泽皮肤、补中益气、养血健骨的功效。猪骨除含蛋白质、脂肪、维生素外，还含有大量磷酸钙、骨胶原、骨黏蛋白等，煮汤喝能壮腰膝、益力气、补虚损、强筋骨。儿童经常喝骨头汤，能及时补充人体所必需的骨胶原等物质，增强骨髓造血功能，有助于骨骼的生长发育；成人常喝骨头汤，可延缓衰老。

需注意的是，感冒发热期间忌食猪骨，急性肠道炎感染者忌食猪骨。骨折初期不宜饮用排骨汤，中期可少量进食，后期饮用可达到很好的食疗效果。

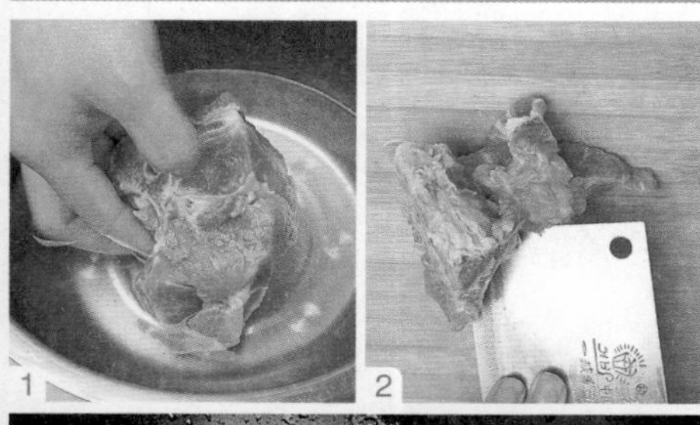

原料

带肉脊骨400克

调料

香菜末、葱姜水、盐、胡椒粉、米醋、料酒、鲜汤各适量

制作过程

❶ 脊骨取肉洗净备用。

❷ 用擀面杖将脊骨肉捶成碎蓉，再用刀背捶成细泥，加料酒、葱姜水、盐搅成蓉。

❸ 锅内加鲜汤烧开，将脊骨蓉挤成丸子，下入锅中煮熟，加胡椒粉、米醋、盐调味，盛入深盘中，撒香菜末即可。

酸辣肉丸

功效 补中益气，丰肌体，生津液，润肠胃，强身健体。

海参首乌红枣汤

功效 补肾益精，养血润燥。

原料

海参60克，何首乌25克，红枣4颗

调料

盐适量

制作过程

1. 将海参泡发，洗净，切块。
2. 红枣洗净，去核。
3. 将海参、红枣、何首乌同放炖盅内，加适量水。
4. 隔水文火炖约1小时，加盐调味即可。

冬季养生推荐食材

【海参】

冬季天气冷，人体抵抗力下降，特别是老年人，更容易生病。海参体内含有50多种天然珍贵的活性物质，以及丰富的维生素和人体所需的各种矿物质，常吃海参可以增加抵抗力、预防感冒、抗疲劳。

海参是海洋中的珍品，名列海八珍之首。海参性温，味甘咸，是高蛋白食物，能够延缓衰老、增强免疫力，有滋阴补肾、养血润燥等功效，对高血压、心血管疾病、肝炎、糖尿病，特别是处于亚健康状态的人群有极好的保健作用，对妊娠期和哺乳期妇女更有养血润燥、调经养胎、助产催奶的保养作用，堪称食疗佳品。将发制好的海参直接食用，或炖鸡汤，或加蜂蜜水，既不破坏海参的营养，又有助于人体吸收。

巧厨娘

特定人群营养汤

Teding Renqun Yingyang Tang

PART 03

不同人群体质各有其特点，故食补时也应各有侧重：小儿脾胃功能尚不健全，食补时应选用健脾胃、助消化的食物；女性存在生理性失血，应注意益气补血；男性工作、生活压力均较大，注意滋养肝肾；老年人机体逐渐衰弱退化，应注重补益肝肾、气血，增强免疫力。

①根据体质进补

Genju Tizhi Jinbu

常见体质类型及表现

阴虚体质	表现为形体消瘦，午后面色潮红，口咽少津，心中时时烦躁，手足心热，眠差便干，尿黄，多喜冷饮。
阳虚体质	表现为形体白胖，或面色淡白，平素怕寒喜暖，手足欠温，小便清长，大便时稀，口唇色淡，常自汗。
气虚体质	表现为消瘦或偏胖，面白声低，自汗，动则加重，困倦健忘。
血虚体质	表现为面色苍白或发黄，口唇淡白，稍活动即感疲劳，易失眠。
阳盛体质	表现为形体壮实，面红声高气粗，喜凉怕热喜冷饮，小便量少色黄。
血瘀体质	表现为面色晦暗，眼眶发黑，皮肤干燥粗糙。
痰湿体质	表现为形体肥胖，肌肉松弛，喜食肥腻之品，懒动，身体感觉困重，口中黏腻。
气郁体质	表现为形体消瘦或偏胖，面色暗黄，性情急躁，易激动，有时忧郁不解，胸闷，喜叹息。

不同体质进补原则

气虚体质者宜常用能补气健脾的食物。因脾能益气，所以健脾是补气的主要方法。又可根据中医气血互生的道理，主以补气，佐以养血。补气食物常可选用糯米、粟米、羊肚、猪肚、鸡肉、黄鳝等。

阴虚体质者宜常用滋阴养液的食物，可选用龟肉、蛤蜊肉、蜂蜜、鸭肉、羊奶、猪肉、牛奶等。

阳虚体质者宜温补阳气，可选用羊肉、虾、麻雀肉等。

体胖者多气虚，多痰湿。气虚则应补气，补气需健脾，故体胖者食补时主要应以健脾益气为主，常可选用粟米、猪肚、羊肚、驴肉、羊肉等食物。

体瘦者多阴虚火旺，食补以养阴滋液为主，可选用银耳、牛奶、羊奶、小麦、鸭肉、蜂蜜、蛤蜊肉、龟肉、鳖肉、燕窝等食物。

②根据年龄进补

Genju Nianling Jinbu

小儿内脏娇嫩，脾胃功能尚未健全，且饮食往往不知节制，故食补时应选用健脾胃、助消化的食物。

青壮年生机旺盛，身体健康，一般无须补益，或者只须滋养清补。

老年人生理变化主要表现为肾气渐衰、肝肾不足，故老年人须补益肝肾。另外，老年人气血耗损，常表现为皮肤干燥、头晕眼花、容易感冒，故老年人也应补益气血。食补可选蜂蜜、胡桃肉、鸽肉、海参等。

老年人饮食原则

1. 减少胆固醇的摄入量
2. 限制总能量摄入
3. 限制脂肪的总摄入量
4. 注意蛋白质的供应
5. 选择容易消化的食物
6. 粮、豆或米、面混食为宜，多食粗粮
7. 提倡营养全面而均衡

老年人进补禁忌

1. 进补应有针对性，不无故进补
2. 补勿过度，过犹不及
3. 服用某些补品时，需注意忌口
4. 药食之间有禁忌，搭配要合理
5. 忌以贵贱论优劣，食材并非越贵越好
6. 忌过于滋腻厚味
7. 忌在患外感病时进补

鲜人参炖老鸽

功效 滋补气血，强筋壮骨，祛风解毒。

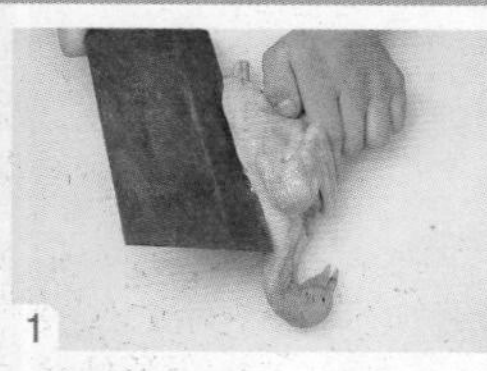

1

2

原料 老鸽1只，鲜人参15克，枸杞、桂圆肉、大枣各10克，龙骨、瘦肉各100克

调料 盐、白糖、上汤、葱段、姜片各适量

制作过程

1. 净老鸽改刀，汆水后洗净。
2. 将原料一同放入沙锅内，加入上汤、葱段、姜片大火烧开，慢火炖2小时，加盐、白糖调味，拣去葱、姜，上桌即可。

老年人养生推荐食材

【鸽肉】

鸽肉营养丰富，富含蛋白质、脂肪、碳水化合物、钙、磷、铁、钾、镁、锌、维生素A、维生素B_1、维生素B_2、烟酸、维生素B_6、维生素B_{12}、维生素C等成分，具有滋肾益气、祛风解毒、截疟、养血清热的作用，可用于肾虚及老年体虚、消渴、久疟、恶疮疥癣、妇女血虚经闭等症。鸽肉含有十分丰富的蛋白质，营养作用与鸡肉类似，而比鸡肉更容易消化吸收。鸽肉脂肪含量低，适宜老年人或久病体虚者食用，对血脂偏高、冠心病、高血压者尤为有益。

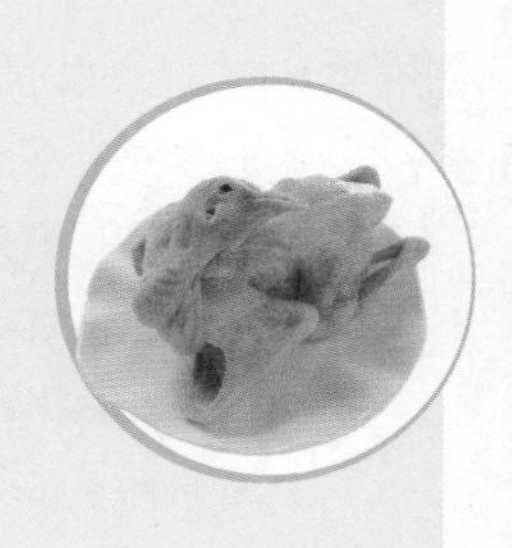

清蒸人参鸡

功效 大补元气，补脾益肺，生津止渴，安神增智。

原料

母鸡1只，人参15克，火腿10克，玉兰片10克，香菇15克

调料

姜片、料酒、盐、鸡汤各适量

制作过程

1. 将母鸡宰杀，去毛及内脏，治净。
2. 人参、玉兰片、香菇分别用水泡发，待用。火腿切片。
3. 母鸡放入耐热盛器中，加入人参、玉兰片、香菇、火腿片、姜片、料酒、盐和鸡汤。
4. 放入蒸锅，隔水蒸熟即成。

老年人养生推荐食材

【母鸡】

母鸡可养血健脾，更适合阴虚、气虚的人。比起公鸡来，母鸡肉更加老少咸宜，尤其适合体质虚弱的老年人。公鸡可壮阳补气，温补作用较强，对于肾阳不足所致小便频密、精少精冷等有很好的辅助疗效，比较适合青壮年男性食用。

在吃法上，母鸡一般用来炖汤，而公鸡适合快炒。因为母鸡脂肪较多，肉中的营养素易溶于汤中，炖出来的鸡汤味道更鲜美。公鸡的肉质较紧致，很难熬出浓汤，要旺火快炒，保持其鲜嫩的滋味。

沙锅野鸡

功效 温中益气，补精填髓。

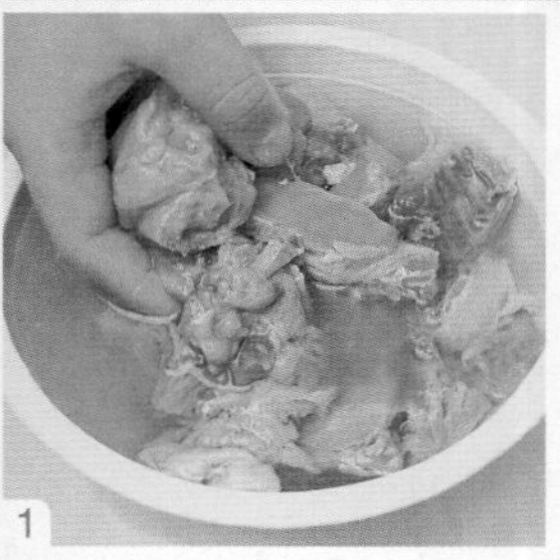
1

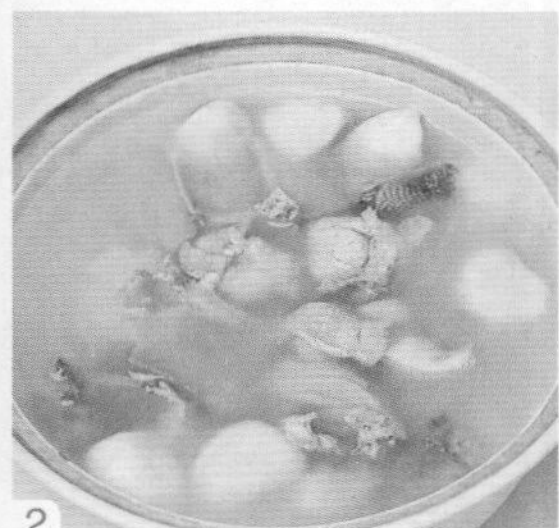
2

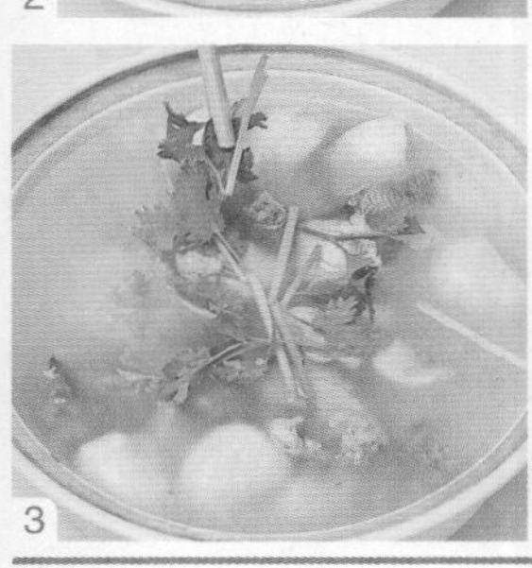
3

原料

野鸡块300克，火腿、蘑菇、白菜各50克，香菜10克

调料

盐、料酒、香醋、白糖、上汤、葱段、姜片、花椒各适量

制作过程

1. 野鸡块洗净，白菜切块焯水，火腿切块。
2. 沙锅中加上汤、葱段、姜片、料酒、花椒烧开，放入火腿、蘑菇、野鸡块炖至九成熟。
3. 拣去葱、姜、花椒，加入白菜稍炖，加盐、白糖、香醋调味，点缀香菜段即可。

老年人养生推荐食材

【野鸡】

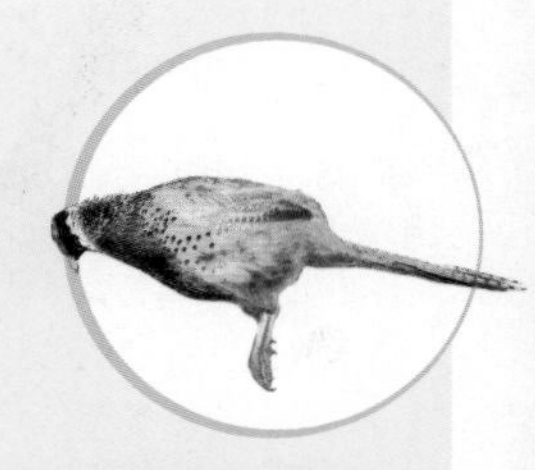

野鸡，又名山鸡、雉，每年秋冬季节的野鸡肉最为肥嫩，作为食疗补品也最佳。野鸡肉的钙、磷、铁含量较家鸡肉高很多，并且富含蛋白质、氨基酸，对贫血患者、体质虚弱者来讲是很好的食疗补品。野鸡肉还有健脾养胃、增进食欲、止泻的功效，非常适宜老年人食用。

但需注意，野鸡中的某些品种属于国家保护动物，不可捕杀。如想用野鸡进补，可选择养殖的野鸡。

海鳗鸡骨汤

功效 温中益气，强筋壮骨，祛风止痛。

鳗鱼预处理

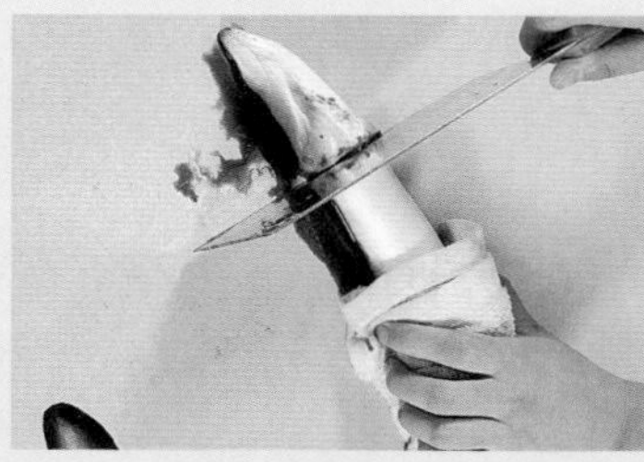

a. 用刀背拍晕鳗鱼后用毛巾包住鱼身，一手按住，用刀剁下鱼头（不要完全剁开）。

b. 将筷子伸进鳗鱼的腹腔中，转动筷子，将内脏卷出。

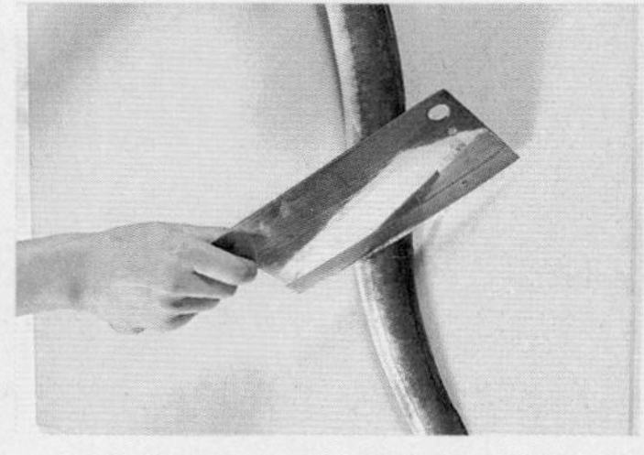

c. 用刀将鳗鱼身上鱼鳞刮去，冲洗净即可。

原料

海鳗400克，鸡骨400克，牛蒡1/2根，鲜冬菇4朵，胡萝卜、独活、西芹、三叶芹各适量

调料

植物油、鸡汤、白酒、盐、酱油、醋、黑胡椒粉各适量

制作过程

1. 鸡骨洗净，放入沸水锅中，旺火烧沸后改用微火炖煮。
2. 氽至鸡骨发白时撇出浮沫，使汤保持滚开的状态，收至剩一半浓汤，用法兰绒布过滤。
3. 海鳗连皮带骨刺切成片，放入170～175℃的热油中，炸至表面变色后捞出。
4. 牛蒡用刀削成竹叶状，用醋漂洗，去除涩味，沥干水分。
5. 鲜冬菇切去硬蒂，再切成薄片。西芹去筋，切段，顺纤维切成细丝。
6. 胡萝卜削去皮，切成细丝。独活切段，削去皮，切成细丝，用醋水漂洗。
7. 鸡汤入锅煮沸，放入牛蒡、冬菇、独活和胡萝卜稍煮，加盐、酱油调味。
8. 放入海鳗鱼片，烹入少许白酒，撒入三叶芹，加少许黑胡椒粉翻匀即成。

老年人养生推荐食材

【鳗鱼】

鳗鱼是一种很名贵的食用鱼类，它富含多种营养成分，其中维生素A是普通鱼类的60倍，这让鳗鱼成为保护眼睛、预防视力退化的优秀食品，对中老年人保护视力大有好处。

此外，鳗鱼还含有丰富的不饱和脂肪酸，其中的磷脂、DHA及EPA为脑细胞不可缺少的营养素；所含大量钙质对于预防骨质疏松症也有一定的效果。

鳗鱼在营养方面惟一明显的缺陷就是几乎不含维生素C，吃鳗鱼时搭配一些新鲜蔬菜，能弥补这个不足。

豆腐鳅鱼汤

功效 补中益气，止虚汗，祛湿邪，止泄泻，治阳痿。

1

2

3

4

原料

泥鳅300克，豆腐300克，小白菜200克

调料

绍酒、姜、葱、盐、素油各适量

制作过程

1. 泥鳅用清水静养，待吐净泥土后宰杀，去内脏，洗净。
2. 豆腐洗净，切成5厘米见方的大块。姜切片，葱切段。小白菜切段。
3. 炒锅置武火上烧热，加入素油烧至六成热，下入葱、姜爆香，注入清水500毫升烧沸。
4. 下入泥鳅鱼、小白菜、豆腐、盐，煮25分钟即成。

老年人养生推荐食材

【泥鳅】

泥鳅又名河鳅、鳅鱼等。泥鳅肉质细嫩，味道极为鲜美，是一种高蛋白、低脂肪食品，为膳食珍馐，适宜各类人群食用，素有“水中人参”的美誉。

中医学认为，泥鳅味甘、性平，有补中益气、祛邪除湿、养肾生精、祛毒化痔、消渴利尿、保肝护肝之功能，还可治疗皮肤瘙痒、水肿、肝炎、早泄、黄疸、痔疮等症。《医学入门》中称它能补中、止泻。《本草纲目》中记载鳅鱼有暖中益气之功效，还可解渴、醒酒、利小便、壮阳、化痔。综合上述功效可以看出，泥鳅非常适宜老年人食用。

【西洋参】

西洋参是人参的一种，又称广东人参、花旗参，原产于美国北部到加拿大南部一带，由于美国旧称为花旗国而得名。

西洋参中的皂苷可以有效增强中枢神经功能，达到静心凝神、消除疲劳、增强记忆力等功效，可适用于失眠、烦躁、记忆力衰退及老年痴呆等症。常服西洋参可以抗心律失常、抗心肌缺血、抗心肌氧化、强化心肌收缩能力。冠心病患者症状表现为气阴两虚、心慌气短者可长期服用西洋参，疗效显著。西洋参的功效还在于可以调节血压，有效降低暂时性和持久性高血压，有助于高血压、心律失常、冠心病、急性心肌梗塞、脑血栓等疾病的恢复。西洋参作为补气的保健首选药材，可以促进血清蛋白合成、骨髓蛋白合成、器官蛋白合成等，提高机体免疫力，抑制癌细胞生长，有效抵抗癌症。

西洋参是所有参里面最不易引起上火的，特别适合老年人用于滋补身体。

原料

排骨300克，花旗参5克，木瓜200克

调料

陈皮、老姜、盐各适量

制作过程

1. 排骨洗净，剁成块，汆水。花旗参洗净。
2. 木瓜去皮、子，洗净，切块，入沸水锅中汆水。
3. 将全部主料放入沙煲中，加水、陈皮、老姜，小火煲3小时，加盐调味即可。

花旗参木瓜煲排骨

功效 补气养阴，清火生津，强健筋骨。

老年人养生推荐食材

【南瓜】

南瓜的营养成分较全，营养价值也较高。南瓜所含三大产热营养素中以碳水化合物为主，脂肪含量很低，为很好的低脂食品。南瓜含有人体所需的17种氨基酸，还含有葫芦巴碱、腺嘌呤、甘露醇、戊聚糖、果胶等。最近发现南瓜中还有一种微量元素钴，是维生素B_{12}的重要组成成分，食用后有补血作用。据《滇南本草》载：南瓜性温，味甘无毒，入脾、胃二经，能润肺益气、化痰排脓、驱虫解毒、治咳止喘、疗肺痈与便秘，并有利尿、美容等作用，还可用于辅助治疗前列腺肥大（南瓜子之效）、预防前列腺癌、防治动脉硬化与胃黏膜溃疡、降血糖、化结石等。

原料

南瓜200克，牛肉丸100克，胡萝卜70克，莴笋50克

调料

清汤、盐、鸡精、香油各适量

制作过程

1. 南瓜、胡萝卜、莴笋洗净，去皮，切成小块。
2. 清汤入锅，加入牛肉丸烧开。
3. 撇去浮沫，放入南瓜、胡萝卜、莴笋，大火烧开。
4. 加盐、鸡精调味，最后淋上香油即成。

南瓜四喜汤

功效 补中益气，滋养脾胃，强健筋骨，化痰熄风，止渴止涎。

南瓜蔬菜汤

功效 补中益气，降压降脂。

原料

南瓜100克，胡萝卜100克，长豆角50克，香菇3朵，山药50克

调料

盐、鸡汁各适量

制作过程

1. 胡萝卜、南瓜削去皮，切片。
2. 长豆角洗净，掰成段。
3. 香菇泡发，切去柄，洗净，在菌盖上剞十字花刀。
4. 山药削去皮，切厚片，用清水浸泡。
5. 将上述蔬菜放入锅中，加入适量清水，大火煮沸。
6. 改小火煮15分钟，加入盐、鸡汁调味即可。

南瓜预处理

a. 南瓜用菜瓜布或鬃刷刷洗净。

b. 对半剖开。

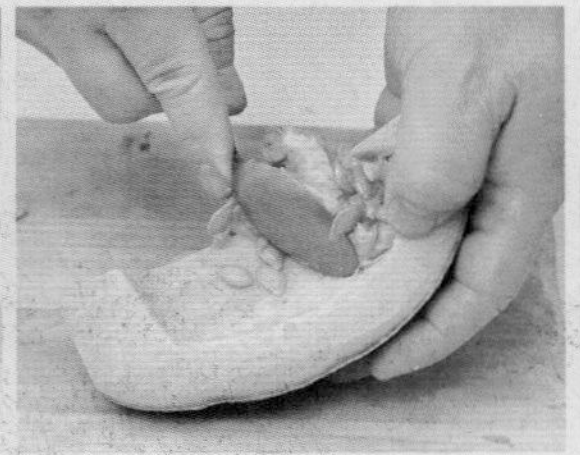

c. 用汤匙将瓤挖出。

d. 用菜刀将南瓜的表皮削去，削时注意菜刀要贴着皮削。

原料

南瓜700克，排骨500克，红枣8粒，瑶柱25克

调料

姜1片，盐少许

制作过程

1. 南瓜去皮、瓤，洗净，切厚块（具体步骤请参照本书第71页）。
2. 排骨剁成小段，洗净。
3. 将排骨段放入沸水锅中煮5分钟，捞起洗净。
4. 红枣洗净，去核。
5. 瑶柱洗净，用清水浸约1小时。
6. 煲内加适量水大火煮开，放入排骨、瑶柱、南瓜、红枣、姜片煲滚，继续改用慢火煲3小时，调入少许盐即可。

南瓜红枣排骨汤

功效 补益气血，强筋壮骨。

木耳肉片汤

功效 滋养脾胃，益气强身，舒筋活络，凉血，止血。

原料

干木耳25克，瘦猪肉150克

调料

清汤1000克，湿淀粉、韭菜、盐、味精各适量

制作过程

1. 黑木耳用温水泡发好，撕成小片。
2. 猪瘦肉洗净，切片，放入碗内，加盐、湿淀粉抓匀。
3. 韭菜择洗干净，切成3厘米长的段。
4. 汤锅置旺火上，倒入清汤，放入木耳，烧开。
5. 放入肉片煮熟，调入盐、味精。
6. 放入韭菜稍煮，起锅盛入汤碗中即可。

年人养生
推荐食材

【黑木耳】

黑木耳不但质地柔软、滑润，吃起来爽口，而且营养极其丰富。黑木耳所含的蛋白质可提供人体所需8种必需氨基酸，在人体中吸收率较高。此外，黑木耳中的多糖物质是抗癌成分，对肿瘤能起分解作用，并有免疫特性。近年来，现代医学研究还发现，黑木耳是天然的抗凝剂，有防治动脉硬化、冠心病、高血压和高脂血症的作用。老年人，尤其是患有冠心病、高血压、高血脂的老年患者，每日食入10～15克黑木耳，并经常食用大葱、大蒜、鱼类，可辅助预防中风的发生。对于有中风先兆或心绞痛频发者，每日睡前服一碗冰糖炖黑木耳（糖尿病者可用黑木耳炒豆腐），可有效地预防心脏血管意外的发生。

鲜木耳含有卟啉物质，食用后在日光照射下易引起日光性皮炎，故不宜食用鲜木耳。

孕妇进补须知

❶要适当忌口。比如患糖尿病的孕妇，忌甜食；妊娠水肿严重者，应忌盐。

❷不可过食生冷、肥甘、辛辣食品和发物。生冷食物会损伤脾胃阳气，使寒气内生，导致胎动不安、早产或胎儿生后肌肤硬肿；过食甜腻厚味，可助湿生痰化热，致使胎肥、难产，或生后多发黄疸；偏食辛辣，如干姜、胡椒、辣椒，及羊肉、鳗鲡鱼等属于“发物”的食物，则胃肠积热、大便干燥，导致胎儿热毒内生。

❸忌活血类食物：活血类食物能活血通经，下血堕胎。这类食物主要有桃仁、山楂、蟹爪等。

❹忌滑利类食物：滑利类食物能通利下焦，克伐肾气，使胎失所系，导致胎动不安或滑胎。这类食物主要有冬葵叶、木耳菜、苋菜、马齿苋、慈姑、薏苡仁等。

❺其他有关食物：除以上四类食物以外，孕期饮食禁忌的食物还有麦芽、槐花、鳖肉等。

黄豆芽蘑菇汤

功效 清热解毒，利湿通便，舒筋活络。

原料

黄豆芽250克，鲜平菇50克，冬瓜250克

调料

盐、葱丝各适量

制作过程

1. 鲜平菇洗净，切去根部，撕成条。
2. 冬瓜削去皮，挖去瓤，切成厚片。
3. 黄豆芽去根和豆皮，洗净，放入锅中，加水煮30分钟。
4. 下平菇条、冬瓜片，放入盐、葱丝，再煮5分钟即可。

孕妇保健推荐食材

【冬瓜】

冬瓜富含碳水化合物、维生素、钙、磷、铁等，肉质细嫩，含水量丰富，有利尿消肿、清暑解热、解毒化痰、生津止渴之功效。冬瓜可利尿，且含钠极少，非常适宜出现水肿的孕妇食用。

孕妇保健推荐食材

【鸡爪】

鸡爪又名鸡掌、凤爪、凤足，多皮、筋，多胶质。常用于煮汤，也宜于卤、酱。

鸡爪含有丰富的钙质及胶原蛋白，不但能美容养颜，还能软化血管、控制血压。胶原蛋白是人体内含量最多的一类蛋白质，存在于几乎所有组织中，主要分布在皮肤、肌腱、血管、角膜等组织中，具有高抗张能力，是决定结缔组织韧性的主要因素，在多种生命活动中发挥极其重要的作用。孕妇怀孕期间由于厌食、胎儿的发育等原因造成胶原蛋白容易流失，所以补充胶原蛋白十分必要。用鸡爪炖汤，孕妇食后不但补充了胶原蛋白，还同时补充了孕育胎儿急需补充的钙质，可谓一举两得。

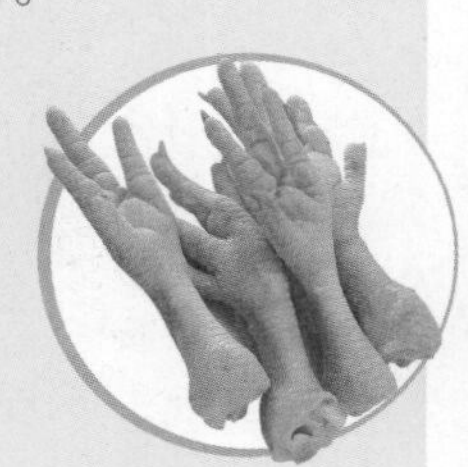

原料

大鸡爪2个，鲍鱼1只

调料

上汤、盐、鸡粉、胡椒粉、葱、姜、料酒各适量

制作过程

1. 鸡爪加葱、姜煮熟。鲍鱼加上汤、盐、鸡粉慢火煮熟，去内脏洗净。
2. 锅中注入上汤，加盐、鸡粉、胡椒粉调味，放入鸡爪、鲍鱼稍煮片刻，烹入料酒，装在炖盅内即可。

鸡脚鲍鱼

功效　益气滋阴，补精填髓。

白菜红枣烧肉煲

功效 益气补血，健脾胃，润心肺。

原料

烧肉200克，白菜150克，红枣5颗

调料

姜片、盐各适量

制作过程

1. 白菜去老叶，切段。
2. 红枣去核，烧肉切厚片，待用。
3. 锅中加水，放入烧肉、红枣、姜片同煮1小时至软，放入白菜稍煮，加盐调味即可。

孕妇保健推荐食材

【红枣】

红枣最能滋养血脉，素来被民间视为补气、补血佳品，对孕妇极有益处。红枣功效具体如下：

1.健脾益胃。红枣能补中益气，可用于中气不足、脾胃虚弱、腹泻、消化不良、食少便溏、倦怠乏力等症的食疗，改善孕妇和胎儿的营养状况。

2.益智健脑。红枣中含有丰富的叶酸和微量元素锌，可促进胎儿神经系统和大脑的发育。

3.养血安神。红枣中铁含量丰富，具有养血安神、舒肝解郁的作用，对孕妇经常出现的血虚脏燥、精神不安，及产妇易出现的产后抑郁综合征都有非常好的改善作用。

4.预防心血管病。红枣中含有丰富的维生素P，具有加强毛细血管弹性、使血管软化、降低血压等作用，对高血压及心血管疾病的预防和治疗非常有益，可帮助孕妇预防妊娠期高血压病。

板栗煲尾骨

功效 养胃健脾，补肾养肝，强健筋骨。

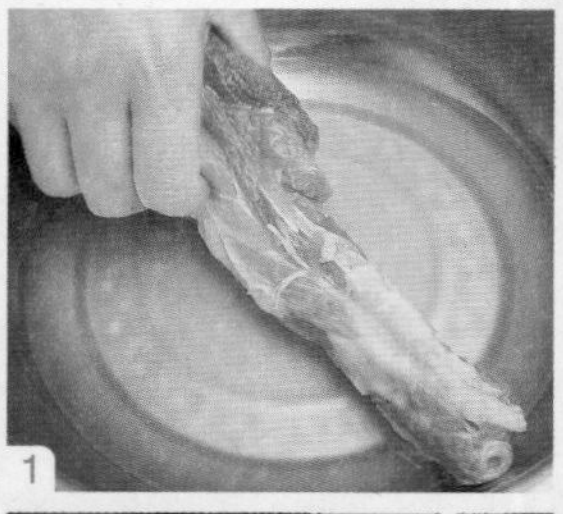
1

2

3

原料

猪尾骨300克，板栗100克，党参、枸杞各5克

调料

盐、葱、姜、高汤各适量

制作过程

❶ 猪尾骨去除杂质洗净，板栗去除外壳。

❷ 猪尾骨斩成块，汆水后过凉。

❸ 猪尾骨放入锅中，加高汤，放入板栗、党参、葱、姜、枸杞，大火烧开，小火煲至汤汁浓白，加盐调味即可。

【板栗】

中医认为，栗子味甘性温，具有养胃健脾、补肾强筋、活血止血的功效，可用于反胃、腰脚软弱、吐血、衄、便血等症。栗子的功效具体如下：

1.养胃健脾。孕妇食欲不佳时吃栗子，可改善胃肠功能，增强食欲。

2.补肾强筋。栗子具有补肾、强筋、壮骨的作用，可促进女性骨盆的发育，对腰腿软弱无力、尿频、腹泻、疲劳都有较好的辅助治疗效果。

3.促进胎儿发育。栗子中含有丰富的蛋白质、糖类、矿物质、维生素及多种氨基酸，有助于提高孕妇的免疫力，促进胎儿生长发育。

4.利尿消肿。栗子富含钾元素，钾可以帮助平衡身体内的钠，排出体内多余水分，消除水肿，对孕妇常出现的下肢水肿症状有一定的帮助。

奶汤鸡脯

功效 清热生津，开胃消食。

原料

鸡泥200克，肥肉丁、马蹄丁、水发香菇各50克，熟火腿、玉兰片各30克

调料

盐、湿淀粉、鸡蛋清、奶汤、姜汁、花生油各适量

制作过程

1. 鸡蛋清打成蛋泡糊，加入姜汁、鸡泥、肥肉丁、马蹄丁搅匀。
2. 用油将鸡泥煎成饼，上笼蒸熟后放汤碗内。香菇、火腿改刀成片。
3. 锅中加奶汤，放入香菇片、玉兰片、火腿片、盐烧开，勾芡，倒入汤碗中即可。

孕妇保健推荐食材

【荸荠】

荸荠俗称马蹄，又称地栗，皮色紫黑，肉质洁白，味甜多汁，清脆可口，含有蛋白质、脂肪、粗纤维、胡萝卜素、维生素B族、维生素C、铁、钙、磷等，自古有“地下雪梨”之美誉。荸荠既可作为水果，又可算作蔬菜，是大众喜爱的时令之品。

荸荠是寒性食物，既可清热生津，又可补充营养，具有凉血解毒、利尿通便、祛痰、消食除胀，以及调理痔疮、痢疾便血、妇女崩漏、阴虚肺燥、痰热咳嗽、咽喉不利、痞块积聚、目赤翳障等的功效。中医有“胎前宜凉，产后宜热”的说法，故孕妇非常适宜吃点儿荸荠，既对清热有益，又可补充多种维生素和矿物质。

荸荠可生食也可熟食，但因其生长于水中，易感染寄生虫，孕妇最好不要生吃，制熟后食用以保证安全。

孕妇保健推荐食材

【鸡蛋】

鸡蛋所含的营养成分全面而均衡。人体所需要的七大营养素除纤维素之外，其余的全有。它的营养几乎完全可以被身体利用，是孕妇理想的食品。鸡蛋的最可贵之处，在于它能够提供较多的蛋白质（每50克鸡蛋就可以供给5.4克蛋白质），且鸡蛋蛋白质的氨基酸组成与人体所需极为相近，即生物价较高，故被称为优质蛋白质。这不仅有益于胎儿的脑发育，而且母体储存的优质蛋白有利于提高产后母乳的质量。一个中等大小的鸡蛋与200毫升牛奶的营养价值相当。另外，每100克鸡蛋含胆固醇680毫克，主要在蛋黄里。胆固醇并非一无是处，它是脑神经等重要组织的组成成分，还可以转化成维生素D。蛋黄中还含有维生素A和B族维生素、卵磷脂等，是最方便食用的天然优质食物。孕妇只需有计划地每天吃3~4个蛋黄，就能够保持良好的记忆力。

原料

桂圆10克，鸡蛋1个

调料

红糖适量

制作过程

1. 桂圆去壳，洗净。
2. 处理好的桂圆放入盛器中，加入适量温开水和红糖。
3. 鸡蛋洗净外壳，将蛋液磕在桂圆上。
4. 将盛器放入蒸锅内，蒸10～20分钟至鸡蛋熟透即可。

桂圆鸡蛋汤

功效 补心脾，益气血，滋阴润燥。

产妇饮食原则

❶ 由于产妇分娩时会有大量液体排出，且卧床时间较多，肠蠕动减弱，易产生便秘，故产妇要多吃蔬菜及含粗纤维的食物。但如果会阴部有裂伤时，要吃一周少渣半流质食物。

❷ 补充高热量饮食。产妇每日热量的供应应增加800千卡左右，也就是总量在3000千卡左右。

❸ 产妇多呈负氮平衡，故在产褥期要大量补给蛋白质。牛奶及其制品、大豆及豆制品都是很好的蛋白质和钙的来源。粮食要粗细搭配。

产妇进补禁忌

❶忌寒凉之物，宜食温热食物，以利气血恢复。

❷忌熏炸香燥食物，宜食汤粥。

❸忌酸涩收敛食物，如乌梅、柿子、南瓜等。

❹忌辛辣发散食物，否则加重产后气血虚弱。

❺忌渗水利湿的食物，如冬瓜、茶水等。

鲍汁鱼肚烩木瓜

补肾益精，滋养筋脉，止血散瘀，消肿下乳。

原料

木瓜1个，鱼肚适量

调料

鲍汁适量

制作过程

1. 木瓜洗净，一切两半，挖去籽，上笼略蒸。
2. 鱼肚切小块，汆水。
3. 将鱼肚块放入蒸好的木瓜中，浇上鲍汁，再入笼蒸15分钟即可。

产妇营养推荐食材

【鱼肚】

鱼肚为鱼鳔干制而成，有黄鱼肚、鳗鱼肚等。鱼肚营养价值很高，含有丰富的蛋白质（主要成分是黏性胶体蛋白）和脂肪、多糖物质。据测定，每100克干鱼肚含蛋白质84.4克、脂肪0.2克、钙50毫克、磷29毫克、铁2.6毫克，对产妇有很好的补益作用。

花生煲猪爪

功效 扶正，补虚，生乳。

1

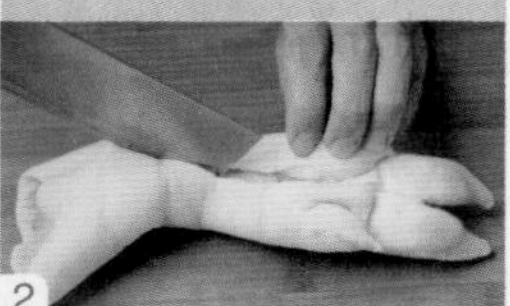
2

3

4

原料

花生仁200克，木瓜100克，猪蹄2只

调料

盐、葱、姜、黄酒各适量

制作过程

1. 木瓜洗净，对切成两半，去籽，切块。
2. 将猪蹄治净，用刀划个口子。
3. 猪蹄放入锅内，加木瓜、花生仁、盐、葱、姜、黄酒及清水适量。
4. 用武火烧沸后转文火，炖至猪蹄熟烂即可。

猪蹄预处理

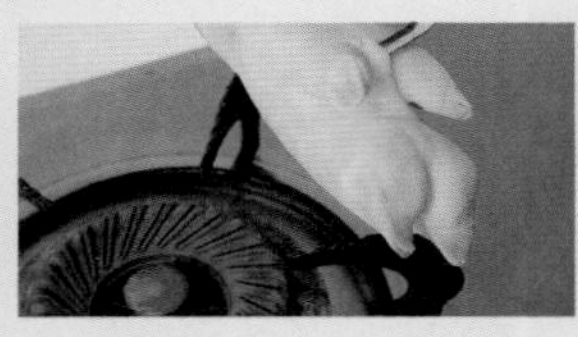
a. 夹紧猪蹄，在火上翻转烤去猪毛。

b. 猪蹄入开水锅中汆煮30秒，捞出，放入冷水中过凉。

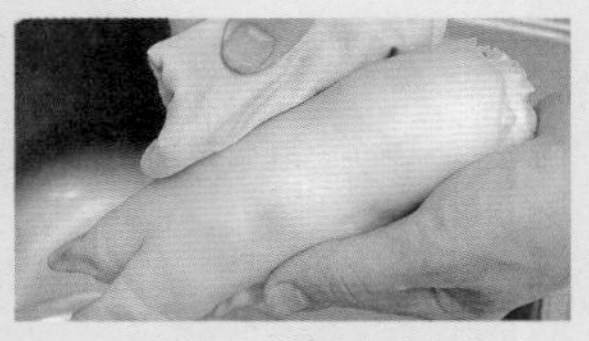
c. 用干净纱布擦干猪蹄表面水分，猪毛和毛垢随之脱落。

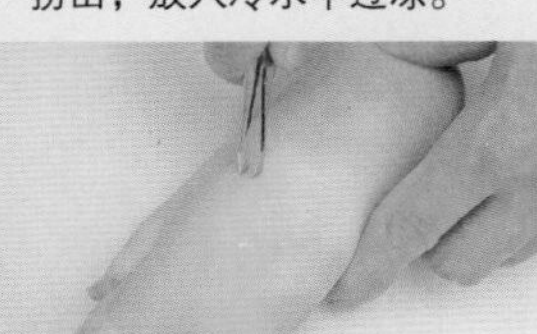
d.将残留的毛用镊子拔掉。

【花生】

花生性平味甘，可健脾和胃、扶正补虚、滋养补气、润肺化痰、利水消肿、清咽止疟、止血生乳。产妇常吃花生能帮助下乳（搭配猪蹄炖汤尤为适宜），而且花生衣中含有止血成分，可以对抗纤维蛋白溶解，增强骨髓制造血小板的功能，提高血小板量，改善血小板活性，加强毛细血管的收缩功能，缩短出血时间，是产妇防治再生障碍性贫血的最佳选择。

什锦猪蹄汤

功效 补血通乳，消肿止痛，调和肠胃。

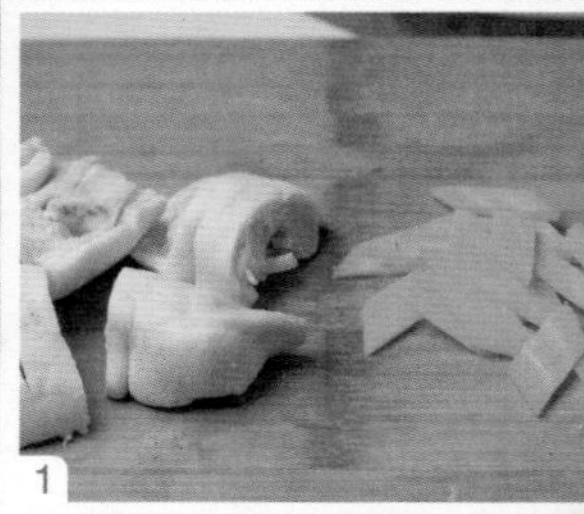

1

2

3

原料

豆腐500克，香菇50克，胡萝卜100克，猪蹄1只，白菜50克

调料

姜丝、盐各适量

制作过程

1. 胡萝卜洗净，切片。猪蹄处理好（具体步骤见本书第81页），洗净。剁成块。香菇用水泡发，剪去菇柄，洗净。
2. 将猪蹄块放入锅中，加适量水，煮10分钟。
3. 加入香菇、白菜、胡萝卜、豆腐、姜丝、盐，炖至猪蹄熟烂，离火即成。

产妇营养推荐食材

【猪蹄】

猪蹄，又叫猪脚、猪手，通常称前蹄为猪手，后蹄为猪脚。猪蹄含有丰富的胶原蛋白质，脂肪含量也比肥肉低。胶原蛋白质在烹调过程中可转化成明胶。明胶具有网状空间结构，能结合很多水分，增强细胞生理代谢，有效地改善机体生理功能和皮肤组织细胞的储水功能，使细胞得到滋润，保持湿润状态，防止皮肤过早褶皱，延缓皮肤的衰老过程。猪蹄对于经常性的四肢疲乏、腿部抽筋、麻木、消化道出血、失血性休克患者有一定辅助疗效，也适宜大手术后及重病恢复期间的老人食用，有助于青少年生长发育和减缓中老年妇女骨质疏松的速度。传统医学认为，猪蹄有壮腰补膝和通乳之功效，可用于肾虚所致的腰膝酸软和产妇产后缺少乳汁之症。

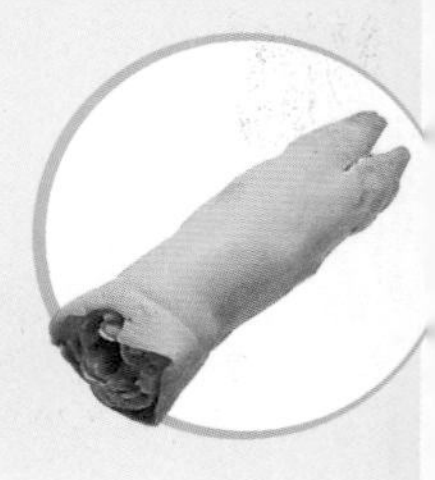

原料

红枣30克，猪前蹄1只，丝瓜300克，豆腐250克，香菇30克，黄芪、枸杞子、当归各适量

调料

姜、盐各适量

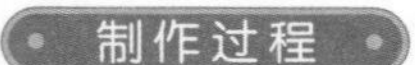

制作过程

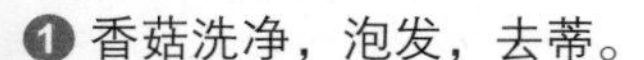

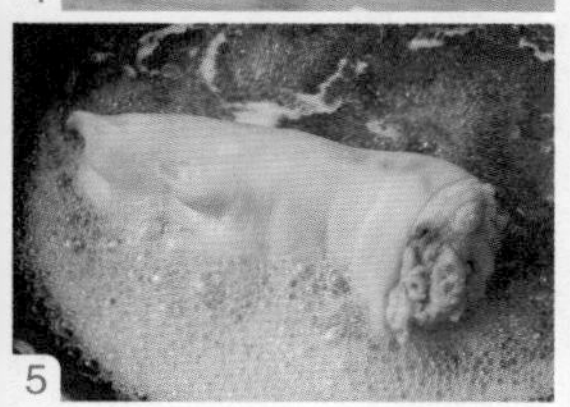

❶ 香菇洗净，泡发，去蒂。
❷ 丝瓜削去皮，洗净，切块。
❸ 豆腐冲洗一下，切块备用。
❹ 猪前蹄去毛（具体步骤见本书第81页），洗净，剁成块。
❺ 猪蹄块放入开水锅中煮10分钟，捞起，用水冲净。
❻ 黄芪、枸杞子、当归、红枣放入纱布袋中，备用。
❼ 锅内入药袋、猪蹄、香菇、姜片及适量清水，大火煮开后改小火，煮1小时至肉熟烂。
❽ 再放入丝瓜、豆腐，继续煮5分钟，加盐调味即成。

猪蹄瓜菇煲

功效 益气补血，通乳。

原料

猪蹄1只，豆腐500克，香菇50克，胡萝卜100克

调料

姜丝、盐各适量

制作过程

1. 香菇用温水泡发，洗净。
2. 胡萝卜洗净，切片。
3. 猪蹄治净，剁成块。
4. 猪蹄入锅，加适量水煮10分钟。
5. 再放入香菇、胡萝卜、豆腐、姜丝、盐。
6. 炖至猪蹄熟烂时离火即成。

豆腐猪蹄汤

功效 补血，通乳，托疮。

黄芪牛肉

功效 补中益气，滋养脾胃。

1

2

3

原料

牛肉200克，黄芪20克，白萝卜300克

调料

姜2~3片，葱半根，盐适量

制作过程

❶ 白萝卜洗净，去皮，切块。牛肉洗净，切块，放入沸水锅中汆烫去血水，捞出控干。

❷ 牛肉、黄芪、葱、姜放入锅中，加入6杯水，以中火煮制。

❸ 待牛肉七分熟时再放入白萝卜块，加少许盐调味，将牛肉煮熟即可。

产妇营养推荐食材

【牛肉】

牛肉含有丰富的蛋白质，氨基酸组成比猪肉更接近人体需要，能提高机体抗病能力，对处于生长发育及手术后、病后调养期间者在补充失血和修复组织等方面特别适宜。中医认为，牛肉有补中益气、滋养脾胃、强健筋骨、化痰熄风、止渴止涎的功效，适用于中气下陷、气短体虚、筋骨酸软和贫血久病及面黄目眩之人食用。产妇分娩过程中，身体多个系统和器官受到影响甚至损伤，用牛肉炖汤来调补身体，是个不错的选择。

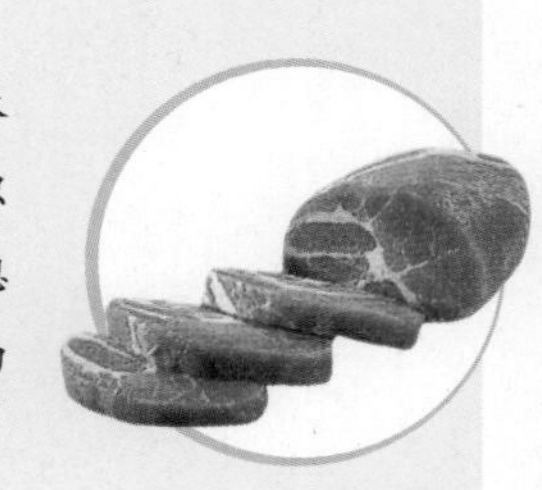

羊肉奶羹

功效 祛寒冷，益肾气，开胃健力，通乳治带，助元阳，生精血。

1

2

3

原料

牛奶250毫升，羊肉250克，山药100克

调料

生姜20克

制作过程

❶ 生姜切片。山药削去皮，切薄片。羊肉洗净，切成小块。
❷ 将羊肉、姜片放入沙锅中，加适量水，文火炖1.5小时。
❸ 捞去渣，放入山药煮烂，再倒入牛奶烧开即可。

产妇营养推荐食材

【羊肉】

羊肉有山羊肉、绵羊肉、野羊肉之分。李时珍在《本草纲目》中说："羊肉能暖中补虚，补中益气，开胃健身，益肾气，养肝明目，治虚劳寒冷，五劳七伤。"羊肉既能御风寒，又可补身体，对一般风寒咳嗽、慢性气管炎、虚寒哮喘、肾亏阳痿、腹部冷痛、体虚怕冷、腰膝酸软、面黄肌瘦、气血两亏、病后或产后身体虚亏等一切虚证均有治疗和补益效果，对产妇产后腹痛、出血、无乳或带下均有调理功效，因此非常适宜产妇食用，且以炖汤食用为佳。

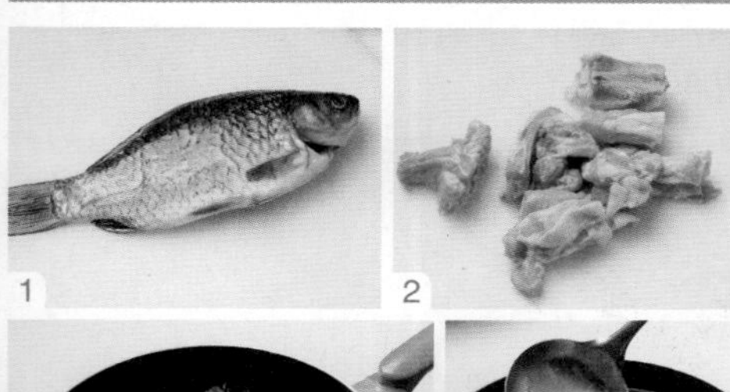

原料

羊排300克，鲫鱼1条（约200克），油菜50克，枸杞10克

调料

上汤、盐、醋、料酒、胡椒粉、葱、姜、花生油各适量

制作过程

❶ 鲫鱼处理干净，用厨纸擦干表面水分。
❷ 羊排剁成小段，洗净，控干水分。
❸ 锅中加油烧热，爆香葱、姜，放入鱼煎一下。
❹ 加上汤、羊排、枸杞，慢火炖熟。
❺ 放入盐、醋、料酒调味。
❻ 放入油菜稍煮，撒胡椒粉即可。

1.鱼要先煎一下，然后再炖，炖出的汤才能呈现乳白的颜色。
2.羊排如果是冰冻的，则应先汆水，然后洗净，再用于烹制。

羊排炖鲫鱼

功效 益气血，壮肾阳，健脾胃，补形衰，通乳。

莲子炖乌鸡

功效 补肝肾，益气血，退虚热。

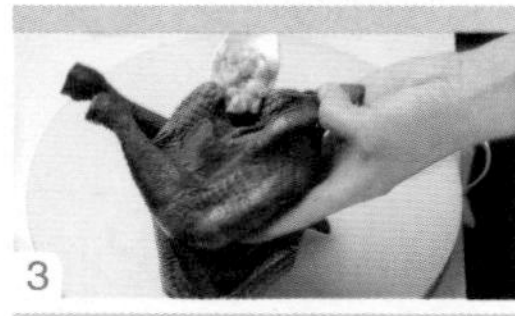

原料

乌骨鸡1只，莲子20克，白果15克

调料

生姜、胡椒、葱、盐各适量

制作过程

1. 乌骨鸡治净，控干水分。
2. 莲子去心，与白果一同捣成粗末。
3. 将莲子末、白果末放入乌鸡腹内，乌鸡放入汤煲中。
4. 汤煲中加入生姜、胡椒、葱、盐和适量清水，炖至烂熟即可。

莲子预处理

a. 莲子放入耐热容器中，加清水浸泡1小时。
b. 上蒸笼蒸约1小时至熟透。
c. 捞出莲子，放入冷水中过凉。
d. 用牙签从莲子底部挑出莲心。
e. 再用清水将莲子洗净即可。

产妇营养推荐食材

【乌鸡】

乌鸡含有大量的维生素A、微量元素硒和黑色素，它们具有清除体内自由基、抑制过氧化脂质形成、抗衰老和抑制癌细胞生长的功效。乌骨鸡含有大量铁元素，具有滋阴补血、健脾固冲的作用，可有效治疗女性月经不调、缺铁性贫血等症。《本草纲目》认为“（乌鸡）益产妇，治妇人崩中带下”。乌鸡含有人体不可缺少的多种维生素、赖氨酸、蛋氨酸和组氨酸等，经常食用可以有效调节生理机能，提高人体免疫力。

产妇营养推荐食材

【鳝鱼】

鳝鱼肉嫩味鲜，营养价值很高，含有丰富的DHA和卵磷脂，这两种物质是构成人体各器官组织细胞膜的主要成分，而且是脑细胞不可缺少的营养物质。经常摄取卵磷脂，有助于提高记忆力，故食用鳝鱼肉有补脑健身的功效，对产妇恢复健康极为有益。

原料

鳝鱼肉250克，熟火腿25克，香菇3朵

调料

白汤500克，葱、姜、盐、料酒、熟鸡油、胡椒粉各适量

制作过程

1. 鳝鱼肉切条，投入沸水锅中汆烫一下，捞出用清水洗净黏膜。
2. 熟火腿切片。香菇泡发，切去柄，洗净，切片。
3. 炒锅置火上，加入白汤、葱段、姜片，烧沸后放入鳝鱼条，加料酒，盖上锅盖煮5分钟。
4. 撇去汤面上的浮沫，拣去姜、葱，将鳝鱼捞出放碗中，放入熟火腿片和香菇片，撒上胡椒粉。
5. 原汤中加盐调味，冲入荷叶碗中，撒葱丝、姜丝，淋熟鸡油即成。

清汤鳝背

功效 补中益血，除风湿，强筋骨。

鲢鱼丝瓜汤

功效 温中，益气，暖胃，通经络，行血脉，下乳汁。

原料

鲢鱼1条，丝瓜300克

调料

盐、生姜各适量

制作过程

1. 鲢鱼收拾干净，洗净，切段。
2. 丝瓜削去皮，洗净，切条。
3. 将丝瓜与鲢鱼一同放入锅中，加入生姜、盐。
4. 旺火煮沸后改用文火慢炖，至鱼熟透即可食用。

鲢鱼预处理

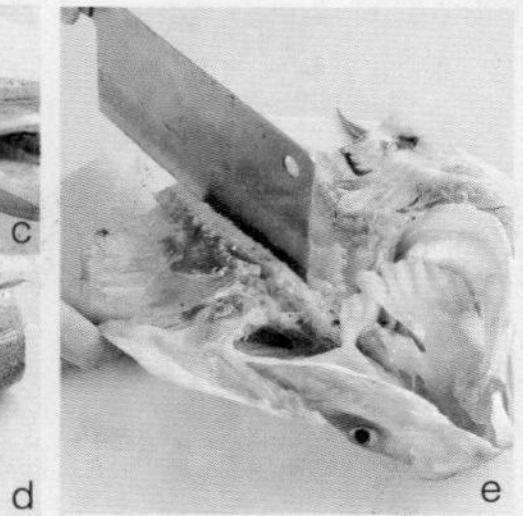

a. 刮去鱼头部分鱼鳞。
b. 用剪刀剪去鱼鳃。
c. 将鳃裙去除干净。
d. 将鱼头头骨朝下，置于案板上。
e. 从下颚起用刀将鱼头一劈两半，但不要劈断（如锅较小，放不开整个鱼头，可将其切断，便于烹饪），最后将鱼头洗净即可。

产妇营养推荐食材

【丝瓜】

丝瓜味甘性凉，有清暑凉血、解毒通便、祛风化痰、润肌美容、通经络、行血脉、下乳汁、调理月经等功效，还用于辅助治疗身热烦渴、痰喘咳嗽、肠风痔漏、崩漏、带下、疔疮痈肿、妇女乳汁不下等病症，对产后气血不足所致的乳汁少或乳行不畅的产妇最为适宜。专家建议，如果产妇出现乳汁分泌不畅、乳房包块，可以在中医的指导下，用丝瓜络煮汤来喝，能通络通乳。

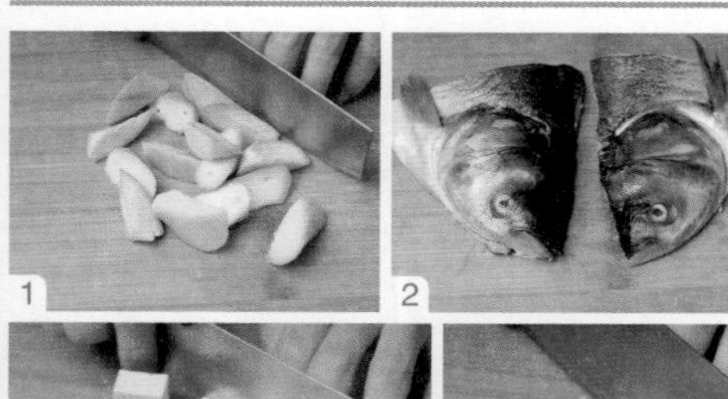

原料

鲜鳙鱼头2个（约500克），豆腐500克，丝瓜500克

调料

生姜、香油、盐各适量

制作过程

❶ 丝瓜去皮，洗净，切成滚刀块。
❷ 鱼头去鳃，洗净后切成两半。
❸ 豆腐放入盐水中浸泡15分钟，洗净，切成小块。
❹ 生姜削去皮，洗净后切成细丝。
❺ 汤锅洗净，置于旺火上，把鱼头、生姜放入锅里，加入适量清水，旺火煮沸。
❻ 调入香油、盐，盖上锅盖煮10分钟，放入豆腐和丝瓜，再用小火煮15分钟即成。

豆腐丝瓜鳙鱼头汤

功效 清热凉血，解毒通便，祛风化痰，润肤美容，通经络，行血脉，下乳汁。

丝瓜虾米蛋汤

功效 补肾壮阳，健脾化痰，行血脉，益气通乳。

原料

丝瓜250克，虾米50克，鸡蛋2只

调料

鸡清汤、葱花、盐、食用油各适量

制作过程

❶ 丝瓜刮去外皮，切成菱形片。

❷ 鸡蛋磕入碗中，加盐打匀。虾米用温水泡软，待用。

❸ 炒锅上火，放油烧热，倒入鸡蛋液，摊成两面金黄的鸡蛋饼。

❹ 将鸡蛋饼铲成小块，装入碗中待用。

❺ 锅中放油再烧热，下葱花炒香，放入丝瓜炒至变软。

❻ 加入适量开水、鸡清汤，放入虾米，烧沸后煮约5分钟。

❼ 放入蛋饼块再煮3分钟，加盐调味即可。

儿童饮食原则

❶ 食物营养要全面而均衡。

❷ 保证足量的营养物质摄入，但不宜过量，以免导致肥胖。

❸ 适当增加餐次，有条件的应课间加餐。

儿童进补禁忌

❶ 忌寒凉食物，西瓜、梨子、香蕉要少吃。

❷ 忌过食辛辣、油腻、酸甜食物，以免伤脾胃、伤牙齿。

❸ 忌食含过多食品添加剂的食物。

❹ 忌进补不顺春、夏、秋、冬四时。

猪肝豆腐汤

功效 补血养肝，清热明目。

原料

猪肝80克，豆腐250克

调料

盐、姜、葱、湿淀粉各适量

制作过程

❶ 猪肝洗净，切成薄片，加湿淀粉抓匀上浆。豆腐洗净，切厚片。

❷ 锅中加入适量水，放入豆腐片，加少许盐煮开。

❸ 放入猪肝，加盐、葱、姜，再煮5分钟即可。

儿童保健推荐食材

【猪肝】

猪肝含有丰富的铁、磷，是造血不可缺少的原料；猪肝中富含蛋白质、卵磷脂和微量元素，有利于儿童的智力发育和身体发育，因此特别适宜儿童食用。

需注意的是，炒猪肝不要一味求嫩，要充分制熟，以免有毒素和寄生虫残留。

浓汤菌菇煨牛丸

功效 补中益气，滋养脾胃，强健筋骨，化痰熄风，止渴止涎。

原料

牛肉200克，滑子菇、蘑菇100克，油菜心50克，火腿20克

调料

浓汤、鸡汁、胡椒粉、生粉、生抽、蛋清各适量

制作过程

❶ 将牛肉剁细成蓉，加生抽、蛋清搅打至起胶。

❷ 滑子菇、蘑菇、火腿分别切片。

❸ 锅内加入浓汤烧开，将牛肉蓉挤成大丸子，下入汤中浸熟，放入滑子菇、蘑菇、火腿煨熟，加入油菜心稍烫，加鸡汁、胡椒粉调味，搅匀，勾芡即成。

儿童保健推荐食材

【牛肉】

数据显示，缺铁会导致儿童智力不高，即便以后能够补足，仍然无法弥补孩子智力发育的缺陷。因此，儿童应该多吃肉，尤其是猪牛羊等红色的肉，这些肉里面有丰富的铁、锌等微量元素，是儿童补充微量元素极好的来源。

牛肉有黄牛肉、水牛肉之分，以黄牛肉为佳。牛肉含有丰富的蛋白质、脂肪、维生素B族、烟酸、钙、磷、铁、胆甾醇等成分，味甘性平，具有强筋壮骨、补虚养血、化痰熄风的作用。

牛肉的营养价值高，古有“牛肉补气，功同黄芪”的说法。凡体弱乏力、中气下陷、面色萎黄、筋骨酸软、气虚自汗者，都可以将牛肉炖食以滋补。

儿童保健推荐食材

【鸡肉】

鸡肉含蛋白质、脂肪、钙、磷、铁、维生素A、维生素B_1、维生素B_2、尼克酸、维生素C、维生素E等极其丰富的营养成分。鸡肉中蛋白质的含量较高，氨基酸种类多，而且消化率高，很容易被人体吸收利用。鸡肉有增强体力、强壮身体的作用，另外含有对人体生发育有重要作用的磷脂类，是中国人膳食结构中脂肪和磷脂的重要来源之一。

鸡肉对营养不良、畏寒怕冷、乏力疲劳、贫血、虚弱等有很好的食疗作用。祖国医学认为，鸡肉有温中益气、补虚填精、健脾胃、活血脉、强筋骨的功效。

但需注意，鸡肉性温，多食容易生热动风，因此不宜过量食用。外感发热、热毒未清或内热亢盛者，黄疸、痢疾、疳积和疟疾患者，肝火旺盛或肝阳上亢所致的头痛、头晕、目赤、烦躁、便秘等患者均不宜吃鸡肉。

原料

小嫩鸡1只，香菇丁、笋片、火腿丁、虾仁、鸡胗丁、肉丁、糯米、青豆、水发木耳、油菜心各适量

调料

盐、料酒、酱油、鸡汤各适量

制作过程

1. 整鸡去骨。糯米泡好，放入香菇丁、火腿丁、肉丁、鸡胗丁、青豆，加盐、料酒拌成馅。
2. 将馅从鸡身刀口处装入，加鸡汤，上笼蒸至熟透，捞出放入汤碗内。
3. 蒸鸡原汤滗入锅中，放入氽熟的虾仁、笋片、木耳、油菜心，加盐、酱油、料酒调味烧开，浇在汤碗中即可。

布袋鸡

功效 补中益气，丰肌体，生津液，润肠胃，强身健体。

1

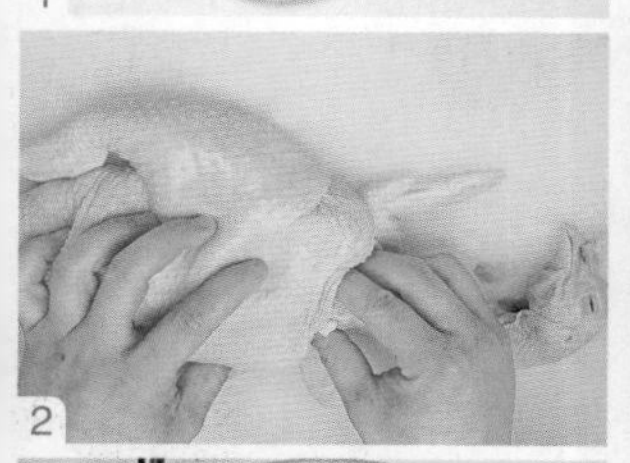

2

3

平菇蛋汤

功效 益精补气，清热解毒，养血润燥，健脑益智。

原料

鸡蛋3个，鲜平菇250克，青菜心50克

调料

绍酒、盐、酱油、鸡粉、食用油各适量

制作过程

1. 青菜心洗净，切成段。
2. 将鸡蛋磕入碗中，加绍酒、盐搅匀。
3. 鲜平菇洗净，撕成薄片，在沸水中略烫一下，捞出。
4. 炒锅置旺火上，加油烧热，放入青菜心煸炒。
5. 放入平菇，倒入适量水，调入鸡粉，烧开。
6. 加盐、酱油，倒入鸡蛋液，再次烧开即成。

儿童保健推荐食材

【鸡蛋】

鸡蛋被公认为是营养丰富的食品，它含有蛋白质、脂肪、卵磷脂、多种维生素和铁、钙、钾等人体所需要的营养成分，其中卵磷脂是婴幼儿身体发育特别需要的物质。

鸡蛋的做法很多，有煮鸡蛋、蒸鸡蛋、煎鸡蛋、炒鸡蛋、蒸蛋羹、蛋花汤等。其中，以蒸蛋羹、蛋花汤最适合儿童食用。因为这两种做法既能灭菌、又能使蛋白质松解，极易被儿童消化吸收。

如果吃煮鸡蛋，应该掌握好煮蛋时间，一般以8分钟~10分钟为宜。若煮得太生，蛋白质没有松解，则不易消化吸收；若煮得太老，蛋白质的结构由松变得紧密，同样不易消化吸收 。

煎鸡蛋、炒鸡蛋不太适合儿童食用。因为在做煎鸡蛋和炒鸡蛋时，鸡蛋的表面会被一层油所包裹，油的高温往往会使部分蛋白烧焦，导致氨基酸受到破坏，降低营养价值。同时，煎蛋和炒蛋在口腔和胃里不易与消化液接触，因此不易被孩子消化吸收。

儿童保健推荐食材

【鹌鹑蛋】

鹌鹑蛋可补气益血、强身健脑，对于治疗贫血、营养不良、神经衰弱、气管炎、结核病、高血压、代谢障碍等均有助益。有报道说，食用鹌鹑蛋对因食虾蟹或某些药物引致的过敏反应有抑制作用。

鹌鹑蛋中的B族维生素含量多于鸡蛋，特别是维生素B_2的含量是鸡蛋的2倍，它是生化活动的辅助酶，可以促进生长发育，是各种虚弱病患者及老人、儿童、孕妇的理想滋补食品。

原料

熟猪血250克，鹌鹑蛋5个

调料

姜、葱、盐、白糖、胡椒粉、清汤各适量

制作过程

1. 姜切片，葱切粒，熟猪血切块。
2. 猪血块放入锅内，加入姜片、葱粒、清汤，中大火煮沸。
3. 将鹌鹑蛋磕入汤里略煮。
4. 加盐、白糖、胡椒粉调味即可。

鹑蛋猪血汤

功效 益气养血，强身健脑，消除热结。

香菇干贝汤

功效 补肝肾，健脾胃，益智安神。

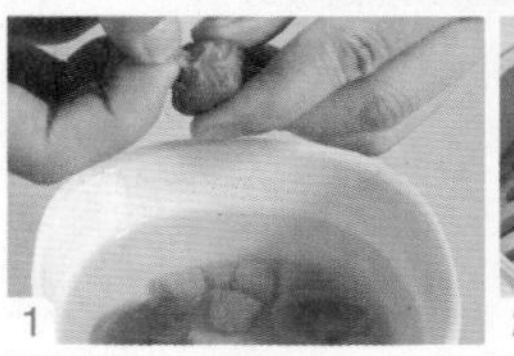

原料

香菇50克，干贝20克

调料

鲜汤、葱花、姜末、精制植物油、料酒、盐、香油各适量

制作过程

1. 将干贝剔去筋，洗净后放入碗内。
2. 干贝碗中加清水适量，放入蒸笼中蒸20分钟，取出。
3. 炒锅上火，放油烧热，下葱、姜煸炒。
4. 加入鲜汤、料酒。
5. 放入干贝、香菇、盐，大火烧沸，再用小火炖约10分钟。
6. 汤中淋上香油，装入汤碗即成。

儿童保健推荐食材

【香菇】

香菇热量低，蛋白质、维生素含量高，能提供儿童身体所需的多种维生素，对儿童生长发育很有好处。香菇中含有一般蔬菜所缺乏的麦甾醇，麦甾醇可转化成维生素D，能促进儿童体内钙的吸收，经常食用香菇可增强儿童免疫力，对预防感冒也有良好的效果。鉴于儿童消化系统比较娇弱，做香菇时一定要洗净、蒸透、煮烂。妈妈们要记住，要想充分吸收香菇的营养，最好选择干香菇。

原料

羊肉200克，白萝卜1根，鲜香菇150克，肥肉末、芹菜末各50克

调料

葱姜汁、盐、味精、胡椒粉、高汤、香油、香菜、鸡蛋液、植物油、淀粉各适量

制作过程

1. 白萝卜去皮，洗净切块；香菇洗净切块，备用。
2. 羊肉剔去筋，剁成细蓉，放入盆中。
3. 将葱姜汁徐徐倒入盆中，沿一个方向搅打上劲。
4. 盆中再加入鸡蛋液、肥肉末、芹菜末、盐、味精、胡椒粉、淀粉，搅拌均匀。
5. 锅置中火上，加适量高汤。
6. 大火烧沸，将羊肉馅下成小丸子，放入锅中，慢火将丸子汆熟，下入萝卜块和香菇块，加调料调味。
7. 出锅时撒香菜末，淋上香油即成。

羊肉丸子萝卜汤

功效 补中益气，补血安神，温胃散寒，增强免疫力。

红枣炖兔肉

功效 补中益气，止渴健脾，滋阴凉血，健脑益智。

1

2

3

4

原料

红枣15枚，兔肉150克

调料

盐、胡椒粉各适量

制作过程

1. 兔肉洗净，切块。
2. 选色红、肉质厚实的大红枣，洗净备用。
3. 兔肉块与红枣同放瓦锅内，隔水蒸熟。
4. 加盐、胡椒粉调味即可。

儿童保健推荐食材

【兔肉】

兔肉属于高蛋白质、低脂肪、低胆固醇的肉类，兔肉含蛋白质高达70%，比一般肉类都高，但脂肪和胆固醇含量却低于其他肉类，故有“荤中之素”的别名。兔肉质地细嫩，味道鲜美，营养丰富，消化率可达85%，这是其他肉类所不能比拟的。因为兔肉营养价值很高，且不会给消化带来负担，所以很适宜儿童食用。

【鳗鱼】

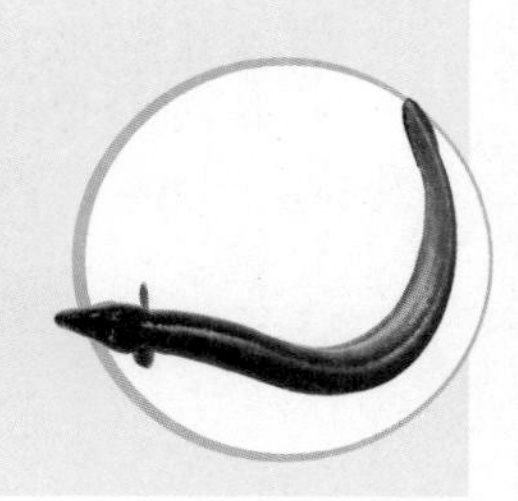

鳗鱼富含多种营养成分，具有补虚养血、祛湿、抗痨等功效，是久病、虚弱、贫血等病人的良好营养品；鳗鱼可养阴润肺、祛湿化痰、杀虫，适用于肺结核、淋巴结核、肛门结核、肺热咳嗽、疮毒、风湿痹痛、肺癌、小儿疳痨等症；鳗鱼富含钙质和维生素A，对促进儿童生长发育、保护其视力极为有益。

原料

海鳗150克，胡萝卜4根，葱2根，芹菜、香芹叶各适量

调料

黄油75克，蒜瓣、盐、葱头、香叶、胡椒粉各适量

制作过程

❶ 海鳗治净（具体步骤见本书第66页），将靠鱼头的前段鱼块留下备用。
❷ 胡萝卜削去皮，洗净，切小块。葱切小段。芹菜洗净，取茎切段。
❸ 锅内加清水，放入鱼头和靠近鱼尾的鱼块，加入蒜瓣、葱段、葱头、胡萝卜、香叶。
❹ 调入盐和胡椒粉，烧开，煮半小时后过滤成鱼汤。
❺ 取一半黄油入平底锅，烧热，倒入芹菜段翻炒均匀。
❻ 倒入鱼汤烧开，放入鱼块，小火煨煮15分钟。
❼ 捞出鱼块，去皮、鱼刺，压碎鱼肉，放入汤盆里。
❽ 撒入切碎的香芹叶，加入余下的黄油块，搅拌至黄油化开即成。

海鳗汤

功效 祛风明目，活血通络，解毒消炎。

牡蛎鲫鱼汤

功效 清肺补心，滋阴养血，健脾利尿，健脑益智。

原料

牡蛎肉60克，鲫鱼200克，豆腐200克，青菜叶适量

调料

料酒、葱、姜、鸡汤、酱油各适量

制作过程

1. 青菜叶择洗净。鲫鱼去鳞、鳃、内脏，洗净。
2. 姜切片，葱切段。豆腐冲洗净，切4厘米长、3厘米宽的块。
3. 鲫鱼身上抹上酱油、盐、料酒，放入炖锅内，加鸡汤、姜、葱、牡蛎肉，烧沸。
4. 加入豆腐，用文火煮30分钟后下入青菜叶即成。

儿童保健推荐食材

【牡蛎】

牡蛎俗称蚝，别名蛎黄、海蛎子。牡蛎肉肥嫩爽滑，味道鲜美，营养丰富，素有"海底牛奶"之美称。据分析，干牡蛎肉含蛋白质高达45%～57%、脂肪7%～11%、肝糖元19%～38%，还含有多种维生素及牛磺酸和钙、磷、铁、锌等营养成分，钙含量接近牛奶的2倍，铁含量为牛奶的21倍。

牡蛎的食用方法较多。鲜牡蛎肉通常有清蒸、软炸、生炒、炒蛋、煎蚝饼、串鲜蚝肉和煮汤等多种。配以适当调料清蒸，可保持原汁原味儿；若食软炸鲜蚝，可将蚝肉加入少许黄酒略腌，然后将蚝肉蘸上面糊，用热油煎至金黄色，蘸醋佐食；吃火锅时，可用竹签将牡蛎肉串起来，放入沸汤滚1分钟左右，取出便可食用；若配以肉块、姜丝煮汤，煮出的汤乳白似牛奶，鲜美可口。

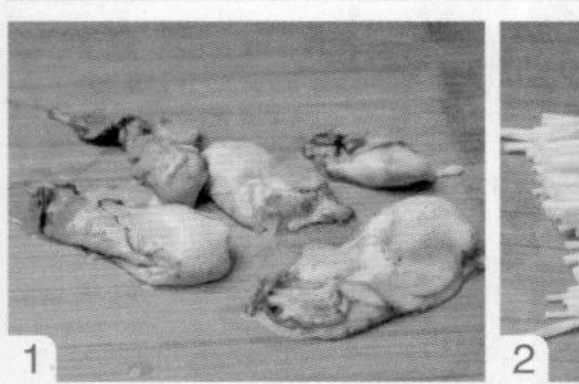

原料

鸭肉500克，牡蛎40克，干贝40克，
金针菇40克

调料

盐适量

制作过程

1. 牡蛎取肉，洗净。
2. 金针菇切去根，洗净。
3. 鸭肉洗净，切成3厘米长、2厘米厚的块。
4. 干贝去筋，洗净待用。
5. 汤锅内加适量水，放入所有处理好的用料，置武火上烧开。
6. 改文火煮1小时，加入盐拌匀，稍煮至入味即成。

牡蛎金针鸭汤

功效 清肺补心，滋阴养血，提高机体免疫力。

豆腐田园汤

功效 清热解毒，止咳化痰，预防感冒。

1

2

3

4

原料

豆腐150克，白蘑20克，胡萝卜100克，玉米笋、西蓝花、土豆各50克

调料

葱花、酱油、盐、鸡汤、料酒、花生油各适量

制作过程

❶ 白蘑洗净，切片。西蓝花洗净，掰成小朵。
❷ 玉米笋切滚刀块。土豆、胡萝卜削去皮，切圆片。豆腐洗净，切片。
❸ 锅中加油烧热，下葱花炒香，倒入鸡汤，放入所有原料。
❹ 小火将原料炖至熟烂，加酱油、盐、料酒调味即可。

西蓝花预处理

b.掰开成小块。

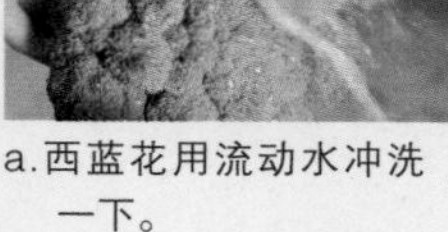
a.西蓝花用流动水冲洗一下。

c. 放入加了少许盐的清水中浸泡片刻，冲洗干净即可。

儿童保健推荐食材

【西蓝花】

西蓝花中的营养成分不仅含量高，而且十分全面，主要包括蛋白质、碳水化合物、脂肪、矿物质、维生素C和胡萝卜素等。西蓝花中蛋白质含量很高，矿物质成分也比其他蔬菜更全面，钙、磷、铁、钾、锌、锰等含量都很丰富。

西蓝花还含有丰富的维生素C，能增强肝脏的解毒能力，提高机体免疫力。

西蓝花属于高纤维蔬菜，口感却很细嫩，对因过食现代精细食物导致消化功能欠佳的儿童来说，是非常适宜的选择。

巧厨娘

五脏养生汤

Wuzang Yangsheng Tang

PART 04

健康人口中应是不燥不渴、食而知味的，表明胃气正常、体液充足。一旦人体阴阳失调、脏腑不和，就会在口感、口味等方面表现出某种信号：口苦提示肝热或胆病；口甜提示脾热；口咸多提示肾虚，因肾虚肾液上泛之故；口酸是肝气上溢的征兆，多提示肝虚；口腥是肺热先兆。一旦五脏失调，就要有针对性地进行调理，此时食疗是最好的方法。

人参桂圆炖猪心

功效 补益心脾，安神增智。

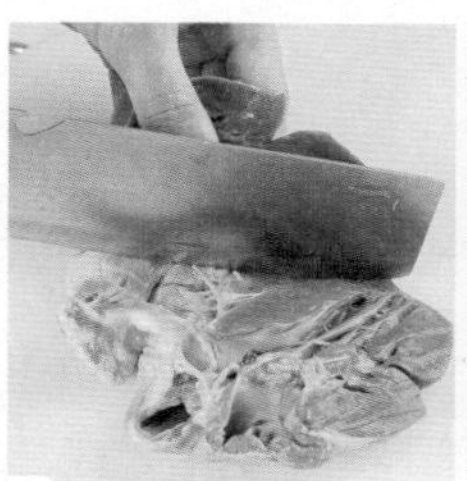

1

2

3

4

原料

猪心1个，鲜人参1支，桂圆50克

调料

姜片、鸡汤、盐、味精各适量

制作过程

1. 将猪心剖开，除去白膜及油，切成块，用清水冲去血污。
2. 鲜人参用清水稍浸泡，去除异味。桂圆剥去壳，清洗干净。
3. 将猪心、鲜人参、桂圆及姜片放入炖盅内，加入鸡汤，置大火上烧开，撇去表面浮沫。
4. 盖好盖，用小火再炖2小时左右，放适量盐、味精调味即成。

猪心预处理

a.将猪心在少量面粉中滚一下以去除腥味。

b. 静置1小时后将猪心切成两半。

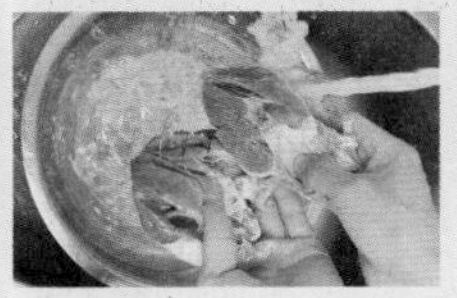

c. 最后再用清水冲洗干净即可。

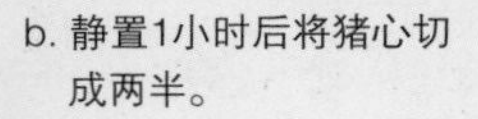

养心安神推荐食材

【猪心】

猪心营养十分丰富，含有蛋白质、脂肪、钙、磷、铁、维生素B_1、维生素B_2、维生素C以及烟酸等营养成分，对加强心肌营养、增强心肌收缩力有很大的作用。有关临床资料表明，许多心脏疾病与心肌的活动力正常与否有着密切的关系。因此，猪心虽不能彻底治愈心脏器质性病变，但可以增强心肌活力，营养心肌，有利于功能性或神经性心脏疾病的痊愈。

猪心通常有股异味，我们可在买回猪心后立即将其在少量面粉中滚一下，放置1小时左右，然后再用清水洗净，这样烹炒出来的猪心味美纯正。

原料

猪心1个，红枣25克

制作过程

1. 猪心处理干净，切片。
2. 红枣去核，洗净。
3. 猪心片、红枣一同放入沙锅中，大火煮沸。
4. 改用文火炖至猪心熟烂即成。

猪心红枣汤

功效 养心安神，益气补血。

百合红枣汤

功效 补中益气，养血安神。

1

2

3

4

原料

百合20克，红枣50克，银耳50克

调料

蜂蜜适量

制作过程

❶ 将银耳泡发好，切去黄蒂，洗净，撕成小朵。
❷ 百合泡发好，洗净，控干。
❸ 红枣洗净，与百合同入锅中，加适量水熬汤。
❹ 待汤沸后放入银耳，再煮沸后稍煮，调入蜂蜜即成。

红枣去核处理

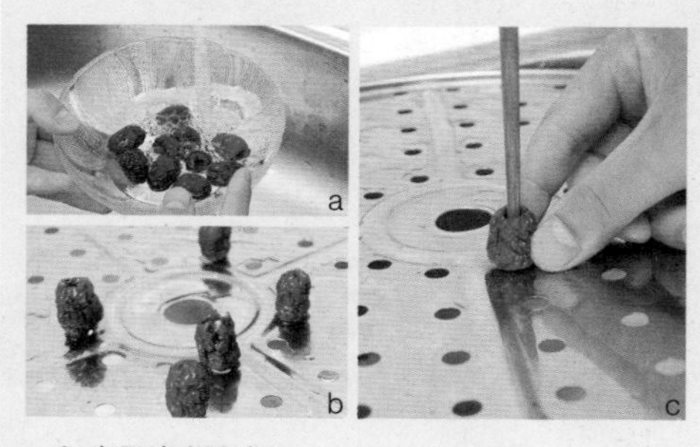

a. 红枣用清水洗净。
b. 将红枣放在蒸笼篦子上（篦子孔的大小比红枣核略大为佳）。
c. 红枣对准篦孔，用筷子从顶部将红枣核用力推出，使枣核从篦子孔中穿过。

养心安神推荐食材

【红枣】

红枣含有丰富的碳水化合物、蛋白质、维生素B2、烟酸、维生素C、维生素E、钾、钙、镁、铁等。钾、镁有助于维持神经健康，使心跳节律正常，还可以辅助预防中风，并协助肌肉正常收缩。维生素B2能减轻眼睛疲劳。烟酸有较强的扩张周围血管的作用，能减轻头痛。中医认为，红枣味甘性温，能补中益气、养血安神、缓和药性，很适合脏躁抑郁、心神不宁、失眠等人士食用。红枣搭配百合等宁心止烦食材，具有很好的养心安神功效。

大枣冬菇汤

功效 益气补血，健脾胃，润心肺，祛皱美容。

原料

大红枣15枚，干冬菇15个

调料

生姜片、花生油、料酒、盐各适量

制作过程

1. 干冬菇洗净，剪去柄，温水泡发。
2. 红枣洗净，去核。
3. 冬菇、红枣、盐、料酒、生姜片一起放入蒸碗内，加入适量清水、热花生油。
4. 盖好蒸碗盖，上笼蒸60~90分钟即成。

1

2

3

4

莲子百合燕窝

功效 补肺止咳，养心安神，补血止血。

原料

莲子10克，百合10克，红枣10克，燕窝10克

制作过程

1. 莲子发透，去心。
2. 百合洗净，撕成瓣状。
3. 红枣去核。燕窝发透，去杂。
4. 莲米、百合、红枣、燕窝放入蒸杯内，加80毫升水，隔水武火蒸50分钟即成。

1

2

3

4

养心安神推荐食材

【莲子】

莲子为滋补元气之珍品，药用时去皮，称“莲肉”，其味甘、涩，性平，入心、肾、脾三经，有补脾、益肺、养心、固精、补虚、止血等功效。生可补心脾，熟能厚肠胃，适用于心悸、失眠、体虚、遗精、白带过多、慢性腹泻等症，其特点是既能补，又能固。

莲心，味极苦，可清心去热、敛液止汗、清热养神、止血固精。现代医学证明，莲心水煎液能提高组织胺的浓度，使周围血管扩张，具有降压作用；莲心中所含的生物碱还有强心作用。

莲子之外，还有一种“石莲子”，又名甜莲子，是莲子老于莲房后，坠入淤泥，经久埋变得坚黑如石，味苦性寒，有清心除烦、清热利湿、健脾开胃的功效。中医常用于治疗口苦咽干、烦热、痢疾等症，并有解忧郁、清热作用。

莲枣桂圆羹

功效 补脾止泻，益肾固精，养心安神。

原料

莲子50克，红枣、桂圆肉各20克

调料

冰糖适量

制作过程

1. 将莲子去心。红枣去核。
2. 莲子、红枣、桂圆肉一起放入锅内，加水适量，放入冰糖。
3. 置火上炖至莲子酥烂即可食用。

菊花猪肝汤

功效 养血补肝，清热明目。

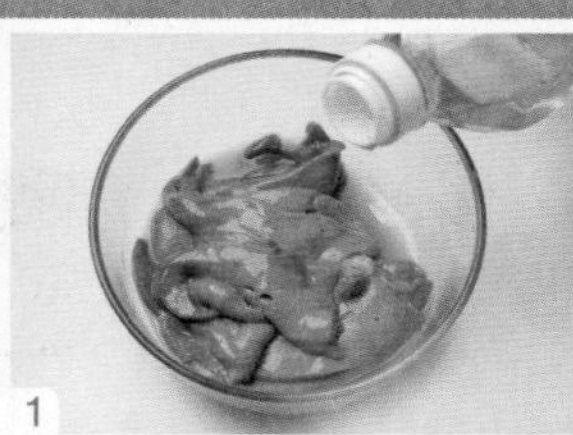
1

2

3

原料

猪肝100克，鲜菊花12朵

调料

植物油、盐、料酒各适量

制作过程

1. 猪肝洗净，切薄片。猪肝片加植物油、料酒腌10分钟。
2. 鲜菊花洗净，取花瓣，放入清水锅内煮片刻。
3. 放入猪肝再煮20分钟，加盐调味即成。

猪肝预处理

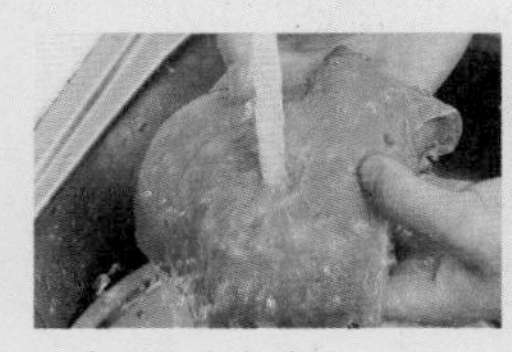
a.猪肝用清水冲洗一下。

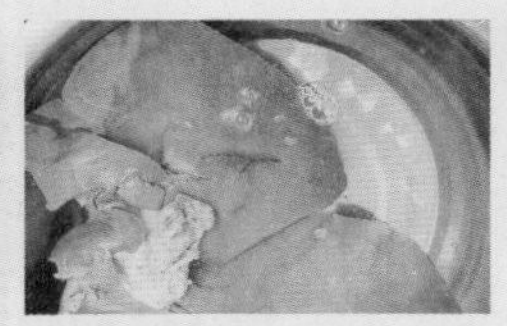
b.放入盆中浸泡1~2小时。

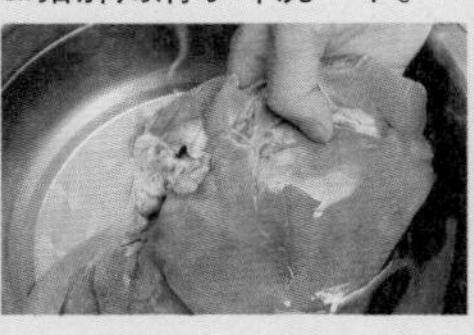
c.用手抓洗去浮沫杂质。

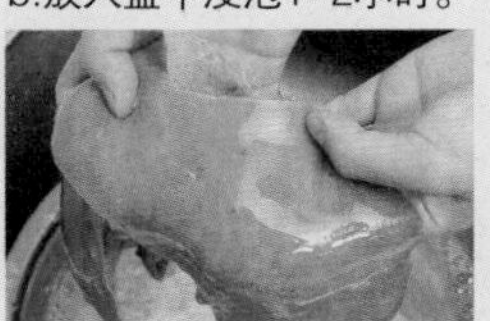
d.再次冲洗干净即可。

养肝明目推荐食材

【猪肝】

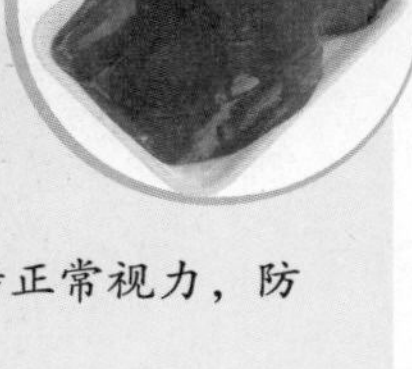

猪肝中含丰富的有机铁、维生素A以及一定量的维生素C，维生素C具有较强的抗氧化能力，能帮助肝脏解毒。猪肝中还含有丰富的维生素A，可维持正常视力，防止眼睛干涩、疲劳。

猪肝烹调时应加入食用油，将维生素A充分溶解，有利于人体吸收利用。

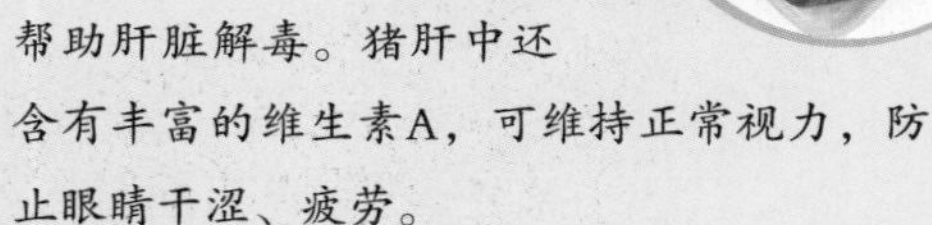

原料

银耳10克，猪肝50克，鸡蛋1个，小白菜50克

调料

姜、葱、盐、酱油、淀粉、素油各适量

制作过程

❶ 银耳放入温水中泡发，切去根蒂，撕成小朵。
❷ 姜切片，葱切段。猪肝洗净，切片。
❸ 小白菜洗净，切5厘米长的段。
❹ 猪肝片放碗中，加入淀粉、盐、酱油、蛋液拌匀。
❺ 炒锅置武火上烧热，加入素油烧至六成热，下姜、葱爆香。
❻ 倒入300毫升清水，烧沸，放入银耳、猪肝再煮10分钟即成。

银耳猪肝汤

功效 养血补肝，解热除烦，通利肠胃。

荠菜猪肝汤

功效 补肝明目，和脾利水，凉血止血。

1

2

3

4

原料

荠菜500克，猪肝200克

调料

盐、酱油、肉汤、湿淀粉、味精、胡椒粉、鸡油各适量

制作过程

1. 荠菜去根，择去黄叶，洗净。
2. 猪肝切成薄片，放入碗内，加入盐、湿淀粉拌匀，腌制入味。
3. 炒锅置旺火上，注入肉汤、酱油、盐烧开，放入入好味的猪肝片，撇去浮沫。
4. 调入胡椒粉、味精，放入荠菜煮沸，起锅淋鸡油即成。

养肝明目推荐食材

【荠菜】

荠菜含有丰富的蛋白质、胡萝卜素、维生素B_1、维生素B_2、尼克酸、维生素C、钙、铁等。丰富的胡萝卜素在体内能转变为维生素A，对干眼病、夜盲症有一定辅助疗效。中医也认为，荠菜有和脾、利水、止血、明目的功效。

荠菜烹制方法很多，可炒，可煮，可做馅，均鲜嫩可口。

白芨羊肝汤

功效 养血补肝，收敛止血，消肿生肌。

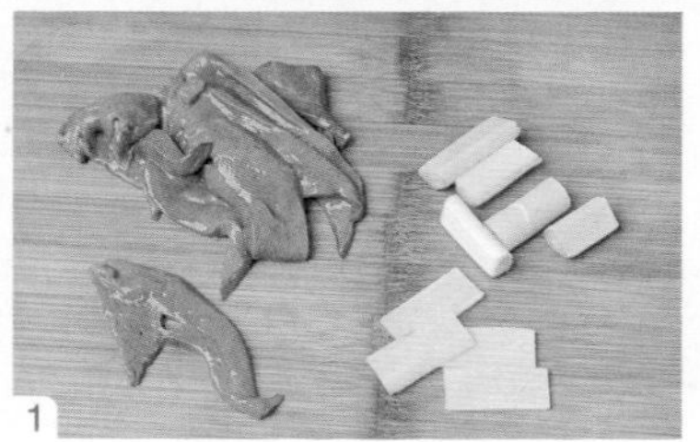

1

2

3

原料

羊肝100克，白芨15克

调料

姜、葱、盐各适量

制作过程

❶ 姜切片，葱切段。羊肝洗净，切片。

❷ 白芨洗净，放入炖锅内，加250毫升水，置武火上烧沸。加入姜片、葱段、盐，用文火煮25分钟。

❸ 再改用武火烧沸，下入羊肝煮熟即成。

养肝明目推荐食材

【羊肝】

羊肝中维生素A的含量是所有动物肝脏中最高的，是维生素A的最佳来源。中医认为，羊肝味甘苦、性凉，具有益血、补肝、明目之功效，可治血虚所致萎黄羸瘦及肝虚所致目暗昏花、雀目、青盲、翳障。羊肝对目疾，特别是对维生素A缺乏所致之眼病有特效。

养肝明目推荐食材

【苦瓜】

中医认为，苦瓜性寒味苦，有清热解渴、降血压、降血脂、祛斑、养颜美容、减肥瘦身、改善睡眠、消除痈肿痢疾、增强免疫功能、促进新陈代谢等功效，所含苦瓜被称为“植物胰岛素”，有较高的药用价值。苦瓜的根、茎、叶、花、果实和种子均可供药用，能清暑解热、明目解毒。《随息居饮食谱》记载：苦瓜“青则苦寒涤热，明目清心；熟则养血滋肝，润脾补肾。”《本草纲目》谓其“苦寒无毒，除邪热，解劳乏，清心明目，益气壮阳”。《泉州本草》中载“（苦瓜）主治烦热消渴引饮，风热赤眼，中暑下痢”。

1

2

3

原料

荠菜50克，苦瓜250克，瘦猪肉125克

调料

料酒、味精、盐各适量

制作过程

❶ 苦瓜去瓤，切成小丁。瘦猪肉切薄片。荠菜洗净，切碎。
❷ 猪肉片加料酒、盐拌匀，稍腌入味。
❸ 将肉片放入沸水锅中煮5分钟，加入苦瓜、荠菜煮熟，调入味精即成。

苦瓜肉片汤

功效 清肝明目，和脾利水，凉血止血。

1

2

3

4

5

6

原料

苦瓜150克，豆腐400克

调料

植物油30毫升，黄酒5毫升，酱油10毫升，香油2毫升，盐2克，味精、湿淀粉各适量

制作过程

1. 将苦瓜去瓤，洗净，切片。
2. 豆腐冲洗一下，切成块。
3. 锅置火上，加植物油烧热，放入苦瓜片翻炒几下。
4. 倒入开水，放入豆腐块。
5. 调入盐、味精、黄酒、酱油煮沸。
6. 用湿淀粉勾薄芡，淋上香油即成。

苦瓜豆腐汤

功效 解暑清热，明目解毒，降血糖。

龙眼山莲汤

功效 健脾补肺，固肾益精，聪耳明目，助五脏，强筋骨。

原料

龙眼肉、莲子各25克，山药50克

调料

白糖100克

制作过程

1. 山药削去皮，洗净，切成薄片。莲子洗净，浸泡2小时后去心。
2. 龙眼肉洗净，与山药片、莲子一同放入锅内，加适量水，置武火上烧开。
3. 改文火煎约50分钟，放入白糖拌匀，离火稍晾，过滤取汁即成。

健脾养胃推荐食材

【山药】

山药，既是食用的佳蔬，又是人所共知的滋补佳品。中医认为，山药味甘性平，具有补脾养胃、补肺益肾的功效，可用于治疗脾虚久泻、慢性肠炎、肺虚咳喘、慢性胃炎、糖尿病、遗精、遗尿等症。《神农本草经》谓之“主健中补虚，除寒热邪气，补中益气力，长肌肉，久服耳聪目明”，《日华子本草》说其“助五脏，强筋骨，长志安神，主治泄精健忘”，《本草纲目》认为，山药能“益肾气，健脾胃，止泻痢，化痰涎，润皮毛”。山药煮粥或用冰糖煨熟后服用，对身体虚弱、慢性肠炎、肾气亏损、盗汗、脾虚等慢性病有疗效。

花生小豆鲫鱼汤

功效 健脾利湿，和中开胃，活血通络，温中下气。

1

2

3

4

原料

花生仁200克，赤小豆120克，鲫鱼1条

调料

盐、料酒各适量

制作过程

❶ 花生仁、赤小豆分别洗净，沥干水分。
❷ 鲫鱼剖腹，去鳞及内脏。
❸ 花生、赤小豆、鲫鱼同放大碗中，加料酒、盐。
❹ 将大碗放入加水的锅中，大火隔水炖沸，改小火炖至花生烂熟即成。

健脾养胃推荐食材

【鲫鱼】

中医认为，鲫鱼味甘性平，具有温中补虚、健脾开胃、祛湿利水、增进食欲、补虚弱等功效，凡久病体虚、气血不足，症见虚劳羸瘦、饮食不下、反胃呃逆者，可作为补益食品；凡脾虚水肿、小便不利者，可用鲫鱼作为食疗之品。

原料

鲫鱼1条

调料

生姜30克，陈皮10克，白胡椒3克，盐、味精各适量

制作过程

1. 鲫鱼去鳞、鳃，剖腹去内脏。
2. 生姜、陈皮、白胡椒用纱布包好。
3. 将包好的纱布袋放入鱼腹中。
4. 鲫鱼放入锅中，加清水煮熟，调入盐、味精即可。

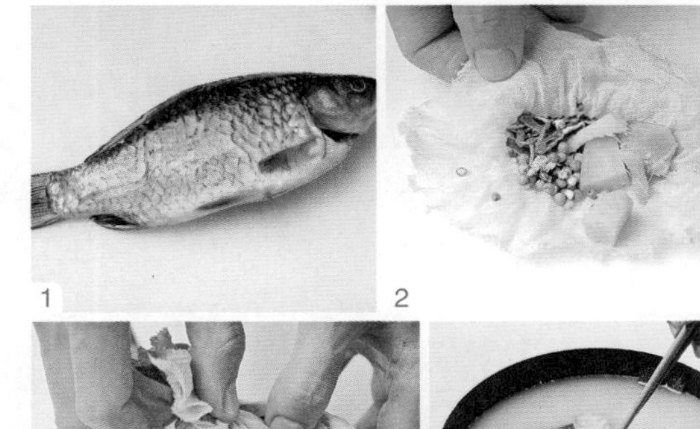
1 2

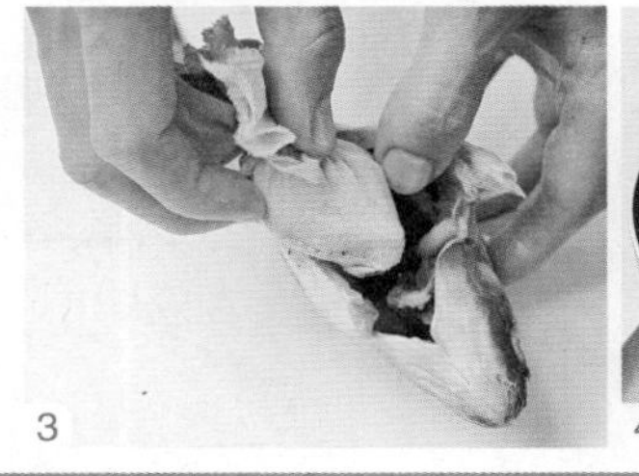
3

4

生姜鲫鱼汤

功效 健脾利湿，和中开胃，活血通络，降逆止呕。

健脾养胃推荐食材

【生姜】

生姜中含有的“姜辣素”能刺激胃肠黏膜，使胃肠道充血，消化能力增强，能有效地治疗因吃寒凉食物过多而引起的腹胀、腹痛、腹泻、呕吐等症。中医认为，生姜为芳香性辛辣健胃药，有温暖、兴奋、发汗、止呕、解毒、温肺止咳等作用，对胃寒呕吐等食疗效果较好。

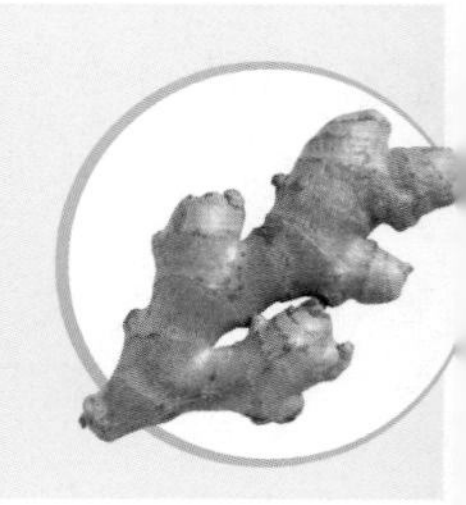

姜母鸭

功效　散寒养胃，降逆止呕，利水消肿。

1

2

3

4

原料

鸭块500克，姜100克

调料

米酒200毫升，盐、花生油各适量

制作过程

1. 姜洗净，1/3切成丝，1/3切成片，1/3磨成末。姜末用纱布挤出汁备用。
2. 鸭块洗净，放入沸水锅中快速过水后捞出，沥干水分。
3. 锅中加少许油烧热，放入姜片炒至香味飘出，再加入鸭块一起煸炒。
4. 加盐和米酒煮开，倒入碗中，撒上姜丝，入蒸锅中用大火蒸2小时即可。

参竹老鸭汤

功效 清肺养阴，益胃生津，利水消肿。

原料

老鸭750克，沙参50克，玉竹50克

调料

盐适量

制作过程

1. 老鸭宰杀，去毛、内脏，洗净，剁成块。沙参、玉竹分别洗净，控干水分。
2. 将鸭块放入沸水锅中汆烫一下，捞出控水。
3. 全部原料入锅，加清水煮沸，撇去浮沫，改小火煲2小时，加盐调味即可。

【沙参】

沙参甘淡而寒，专补肺气，因而益脾与肾。其具有滋阴生津、清热凉血之功，能补包括脾虚在内的五脏之阴，对气阴两虚或因放疗而伤阴引起的津枯液燥者，具有较好的疗效。

柑橘山楂汤

功效 理气调中，燥湿化痰，消食化积。

原料

生山楂30克，陈皮20克，大红橘1个

调料

白糖适量

制作过程

1. 陈皮洗净。山楂洗净，去核。大红橘剥皮，取橘核和鲜橘络，待用。
2. 将以上各料同入锅中，煮约40分钟。
3. 将渣子捞出，留下500毫升液体，加白糖调味即可。

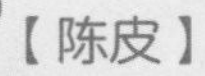

健脾养胃推荐食材

【陈皮】

陈皮味苦性温，能燥湿理气、健脾开胃，故常用作理气、健脾胃药，常用于湿阻中焦、脘腹胀闷、便溏苔腻、脾胃虚弱、消化不良、大便溏泄等症。

1

2

3

杏仁麻黄豆腐

功效 清热润肺，止咳平喘，润肠通便。

1

2

3

原料

杏仁15克，麻黄30克，豆腐125克

调料

生姜适量

制作过程

1. 杏仁、麻黄洗净，控干水分。豆腐冲洗净，切块。
2. 豆腐块、生姜同放锅中，加水适量。
3. 文火煎煮1小时后捞去药渣即可。

养肺润肺推荐食材

【杏仁】

苦杏仁中含有苦杏仁苷，苦杏仁苷在人体内能被肠道微生物酶或苦杏仁本身所含的苦杏仁酶水解，产生微量的氢氰酸与苯甲醛，对呼吸中枢有抑制作用，达到镇咳、平喘作用。但需注意，杏仁仅适宜于风邪、肠燥等实证，如果属于阴亏、火郁，则不宜单味药长期内服，例如肺结核、支气管炎、慢性肠炎、干咳无痰等症患者，忌长期单服杏仁。

冰糖银耳橘瓣羹

功效 滋阴润肺，益气养胃。

1

2

3

4

原料

成熟橘子2个，银耳30克，枸杞10粒

调料

冰糖适量

制作过程

1. 橘子剥去皮，取带橘络的橘瓣。
2. 银耳用温水泡发，去黄色部分，撕成小朵。
3. 橘瓣、银耳一同放入锅中，加适量清水，置火上，盖好锅盖。
4. 煮约半小时后加入冰糖，撒入枸杞即可。

养肺润肺推荐食材

【银耳】

银耳是一种营养丰富的滋养补品，能滋阴、养胃、润肺、生津、益气和血、补脑强心。中医认为，银耳味甘淡，性平，能滋阴润肺、养胃生津、固本扶正。《本草诗解药性注》说它“有麦冬之润而无其寒，有玉竹之甘而无其腻，诚润肺滋阴要品”。中医常用以治肺热咳嗽、肺燥干咳、久咳喉痒、咳痰带血、久咳胁痛、肺痈肺痿以及月经不调、便秘下血等症。

猪肺预处理

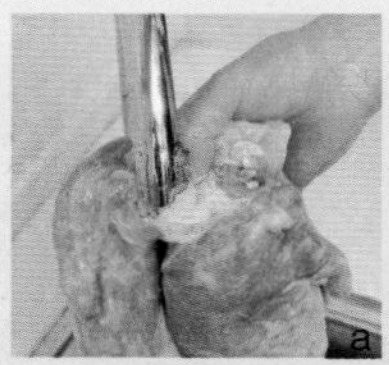
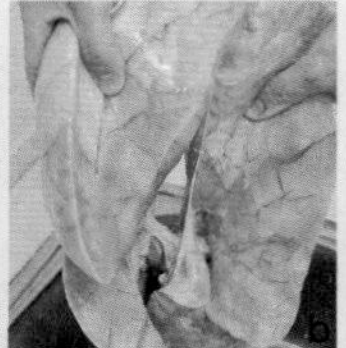
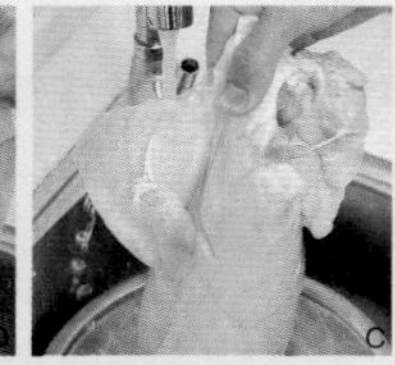
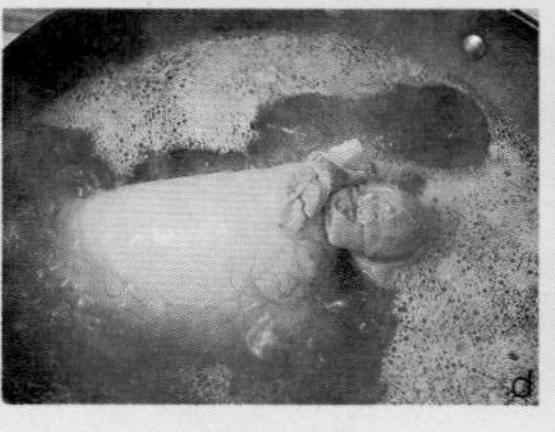
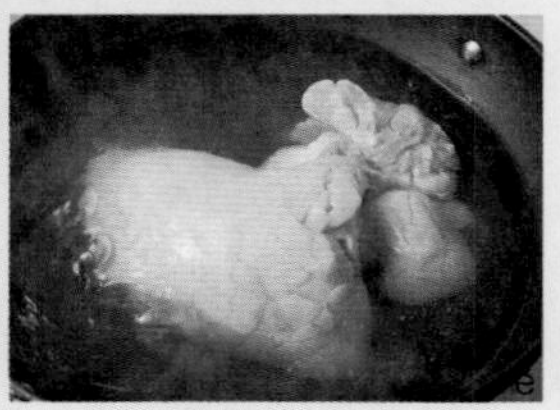

a. 猪肺喉管套到水龙头上灌水。
b. 灌满水后摇几下，将水倒出。
c. 如此反复几次至肺叶变白。
d. 将猪肺放入锅中，加水烧开。
e. 浸出肺管中的残留物质后将其捞出即可。

养肺润肺推荐食材

【猪肺】

猪肺性平、味甘，宜肺虚久咳、肺结核及肺痿咯血者食用。

《本草图经》中说“猪肺，补肺”，《本草纲目》说其“疗肺虚咳嗽、嗽血”，《随息居饮食谱》记述，猪肺“甘平，补肺，止虚嗽。治肺痿、咳血、上消诸症”。根据中医“以脏补脏”之理，凡肺虚之病，如肺不张、肺结核等，可借鉴《证治要诀》之法，即“治肺虚咳嗽：猪肺一具，切片，麻油炒熟，同粥食。治嗽血肺损：薏苡仁研细末，煮猪肺，白蘸食之”。

原料

苦杏仁15克，青萝卜500克，猪肺250克

调料

盐、味精各适量

制作过程

❶ 青萝卜洗净，切块。杏仁洗净。猪肺处理好，洗净，切块。
❷ 上述处理好的原料与杏仁一同放入锅中，加入适量清水。
❸ 炖至原料熟烂后调入盐、味精即可。

杏仁萝卜肺

功效 润肺祛痰，下气平喘。

1

2

3

心肺炖花生

功效 补益心肺，祛痰止血。

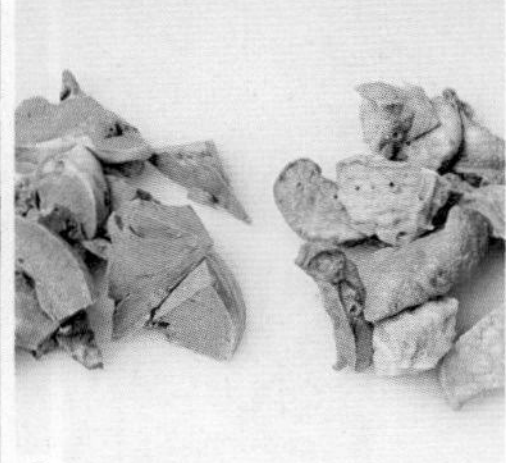

原料

猪心1个，猪肺1个，花生仁1000克

调料

盐、味精、香油、草果、八角、姜块各适量

制作过程

1. 姜洗净，拍扁，切块。花生仁入沸水氽烫，剥去皮。
2. 猪心、猪肺分别处理好，洗净，冷水入锅，烧沸后捞入清水中，刮去食管上的白皮，洗净，切块。
3. 炒锅上火，注入清水500毫升，下猪心、猪肺、姜块、草果、八角，大火烧开，撇去浮沫。
4. 将汤汁倒入沙锅内，下花生仁，小火炖约4小时，调入盐和味精，淋香油即成。

养肺润肺推荐食材

【百合】

现代医药学证明，百合有七大药理作用：一是润肺、止咳、祛痰、平喘；二是强身健体；三是可耐缺氧；四是所含的百合苷具有安神、镇静催眠作用；五是所含的蛋白质、氨基酸和多糖可提高人体的免疫力；六是抗癌作用，所含秋水仙碱能抑制癌细胞的增殖，缓解放疗反应；七是止血、抗溃疡作用和抗痛风作用。

中医认为，百合味甘微苦，性平，入心、肺经，有补中益气、润肺止咳、清心安神等功效，可防治肺痨久嗽、咳唾痰血、热病后余热未清、虚烦惊悸、神志恍惚、脚气浮肿等症。

中医将百合归入扶正抗癌类药物，认为其具有提高机体抗病能力、调整酶系统、促进自身免疫和获得性免疫等功能。

原料

猪肚150克，猪肺1具，百合50克，火腿少许

制作过程

1. 百合掰成瓣，洗净，控干。猪肺处理好，洗净，切条。
2. 火腿切片。猪肚处理好，洗净，切条。
3. 将猪肺、猪肚、火腿片一同入锅，加适量水共煮至半烂。
4. 再放入百合瓣，再煮至烂即成。

百合肚肺

功效 润肺止咳，清心安神。

1

2

3

4

百合炖鸽

功效 滋补益气，润肺止咳，清心安神，祛风解毒。

鲜百合预处理

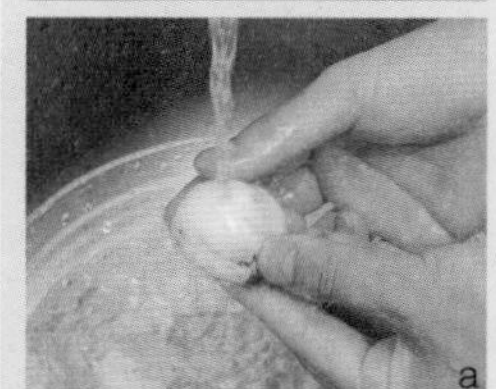

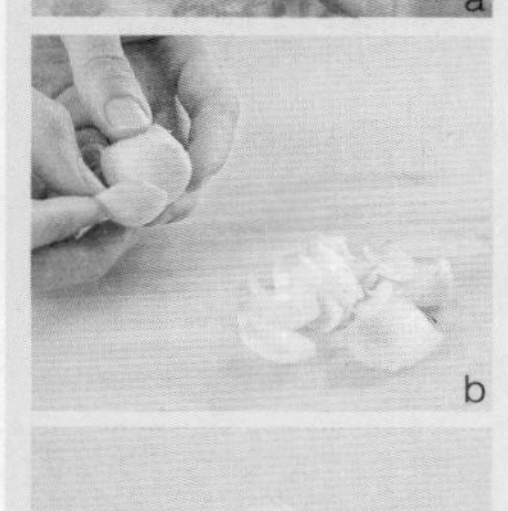

a. 鲜百合剥去外层皮，冲洗干净。
b. 将鲜百合逐瓣掰开。
c. 掰好的百合瓣再次冲洗干净即可。

原料

老鸽1只，鲜百合50克

调料

香葱末、盐、料酒、鸡粉、上汤、葱段、姜片各适量

制作过程

1. 净老鸽改刀，氽水后洗净。百合洗净待用。
2. 将老鸽放入沙锅内，加上汤、料酒、葱段、姜片，急火烧开，慢火炖1.5小时后放入百合再炖30分钟，去掉葱段、姜片，加盐、鸡粉调味，撒香葱末，上桌即可。

养肺润肺推荐食材

【冬虫夏草】

冬虫夏草含蛋白质、脂肪、虫草酸、维生素B_{12}等，味甘性温，是著名的滋补强壮药，常用来与肉类炖食，有补虚健体之效，中医学上常用于治疗肺气虚和肺肾两虚、肺结核等所致的咯血或痰中带血、咳嗽、气短、盗汗等，对肾虚阳痿、腰膝酸疼等亦有良好的疗效，也是年老体弱者的滋补佳品。

原料

龙眼30克，冬虫夏草3克，鲍鱼肉25克，海参50克，香菇25克

调料

白酒、料酒、盐、上汤各适量

制作过程

1. 香菇发透，切去根，洗净，一切两半。
2. 龙眼取肉，洗净。海参发透后洗净，切条。
3. 虫草用白酒浸泡，洗净。鲍鱼肉洗净，切片。
4. 所有处理好的原料同放炖锅内，加入料酒、盐、上汤，武火烧沸后改文火炖熟即成。

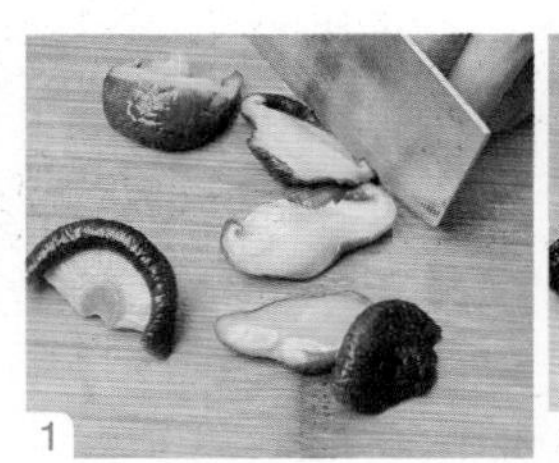
1

2

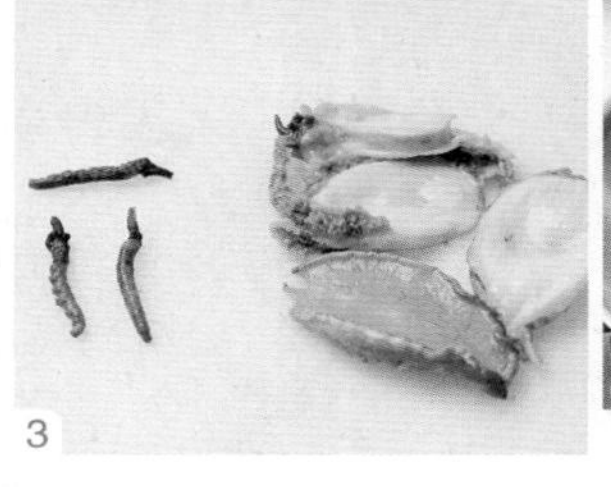
3

4

龙眼虫草炖鲍参

功效 益肾补肺，养血润燥，止血化痰。

团鱼枸杞羊肉煲

功效 滋阴凉血，益气调中，补虚壮阳。

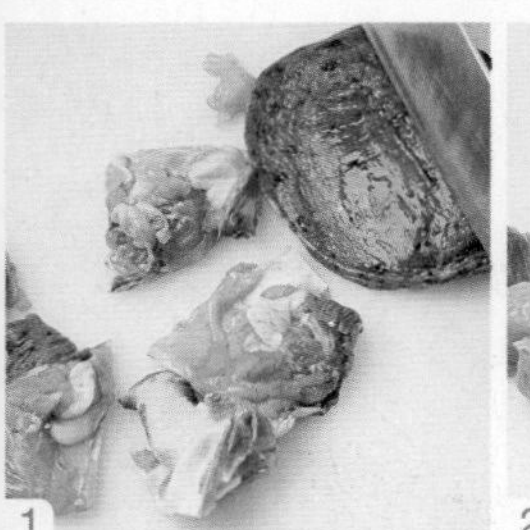

原料

团鱼500克，枸杞子30克，羊肉250克，首乌15克

调料

生姜、盐各适量

制作过程

1. 团鱼剁去头、爪，揭去甲，去除内脏，洗净，切成大块。
2. 羊肉洗净、切块。
3. 将羊肉块、团鱼、枸杞子、首乌一起放入锅内，置火上，加生姜及适量水。
4. 文火煲至肉烂后加盐调味即可。

补肾强身推荐食材

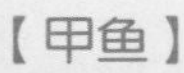

【甲鱼】

甲鱼又名团鱼、鳖甲，味咸，性微寒，归肝、肾经，具有强壮身体、滋阴潜阳、软坚散结、退热除蒸等功效，适用于阴虚发热、痨热骨蒸、闭经等症。

腰花木耳汤

功效 补肾壮腰，强身健体。

补肾强身推荐食材

【动物肾脏】

动物肾脏富含蛋白质、肌醇、维生素B_6、维生素B_{12}、维生素H、维生素C、叶酸、泛酸等营养素，其中蛋白质、锌、锰、硒含量较高。

猪、狗、羊、牛之肾脏均有养肾气、益精髓之功效，如羊肾甘温，可补肾气；猪肾咸平，助肾气、利膀胱；狗肾对增强性功能效果更佳。动物肾脏中牛羊肾强于猪肾，鹿肾最佳。中医讲究“以脏补脏”，因此建议有补肾需求者每周可吃一次动物肾脏。老年人适量吃些动物肾脏，有强身抗衰的功效。

猪腰搭配黑木耳，能更好地起到补肾强身的功效。

原料

猪腰150克，水发木耳60克，竹笋、青蒜苗各30克

调料

盐、鸡粉、胡椒粉、香油各适量

制作过程

1. 猪腰处理好，洗净，切成兰花片。
2. 笋切片，青蒜苗切段。木耳切去硬蒂，洗净，切片。
3. 腰花片、木耳片、笋片汆水后捞出，放入碗中。
4. 锅内倒水，放入蒜苗段、盐、鸡粉、胡椒粉烧开，浇在放原料的碗中，淋香油即可。

猪腰预处理

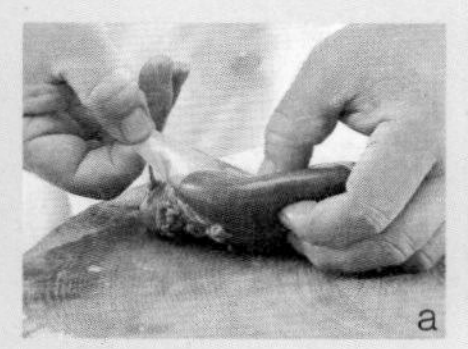

a. 猪腰洗净，去除筋膜。
b. 将猪腰纵向一切两半。
c. 横刀片去白色腰臊，洗净。

猪腰切腰花

a. 在猪腰面上斜切一字刀。
b. 垂直于切好的刀口再切花刀。
c. 将切好花刀的猪腰切件，即可用于烹调。

干木耳预处理

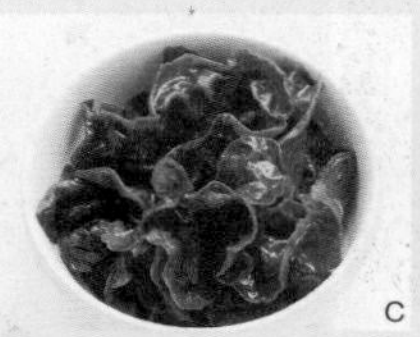

a. 干木耳用水冲洗一下。
b. 用淘米水泡发干木耳。
c. 泡发好的样子。
d. 泡好的木耳清洗干净。
e. 切除未泡发的部分。
f. 剪去硬蒂，撕成小朵即可。

补肾强身推荐食材

【牛尾】

牛尾归脾、肺、肾经，对阴虚咳嗽、肺燥咳嗽、脾虚乏力、食少口干、消渴、体虚羸瘦，以及肾亏所致腰膝酸软、阳痿遗精、耳鸣目暗、须发早白等有一定的食疗功效。

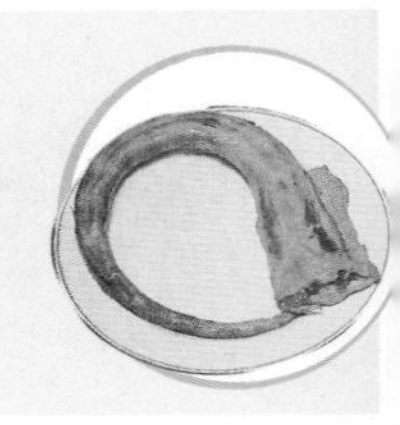

原料

牛尾中段、胡萝卜各250克

调料

葱段、姜片、八角、黄酒、蒜瓣、香油、酱油、湿淀粉、味精、盐各适量

制作过程

1. 牛尾斩段，用清水浸泡1小时，放入沸水锅中汆一下，捞出。
2. 牛尾段放入沙锅中，加水，大火煮沸，撇去浮沫，加黄酒。
3. 小火煨40分钟后加入葱段、姜片、八角、黄酒、蒜瓣、盐、酱油，继续用小火煨煮成卤汁备用。
4. 胡萝卜切成片，与牛尾间隔整齐地码放入蒸碗内，倒入过滤好的卤汁。
5. 将蒸碗上笼，用大火蒸5分钟后取出，倒出蒸肉原汁。
6. 将倒出的原汁放入另一锅内，上火烧开，勾薄芡，淋香油，撒葱花、味精，浇在蒸碗内即成。

胡萝卜炖牛尾

功效 补肾壮骨，强身健体。

鹌鹑冬瓜煲

功效 补五脏，壮筋骨，止泻痢，消痞积。

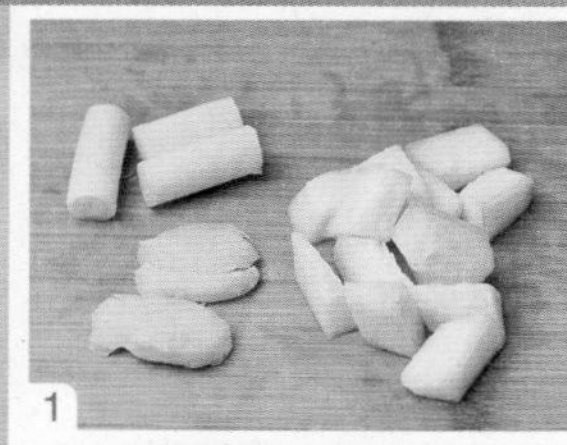

原料

鹌鹑4只，冬瓜500克

调料

棒骨汤3000克，料酒、盐、味精、姜、葱、胡椒粉、鸡油各适量

制作过程

1. 姜拍松，葱切段。冬瓜去皮、瓤，洗净，切厚块。
2. 鹌鹑宰杀后去毛、内脏及爪，剁成4厘米见方的块。
3. 将冬瓜、鹌鹑同放煲内，加入所有调料，盖上煲盖，置酒精炉上，武火煮熟后上桌即成。

补肾强身推荐食材

【鹌鹑】

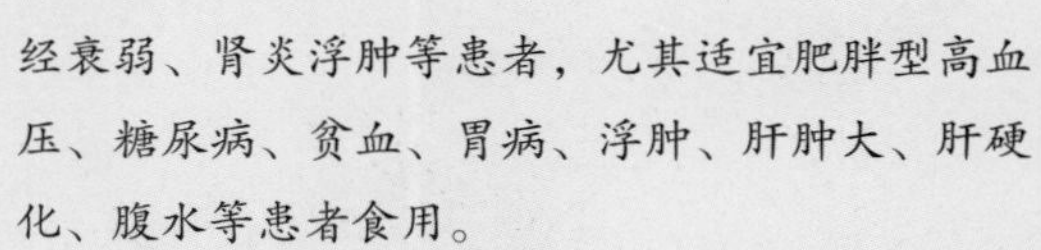

鹌鹑可补中益气、清利湿热、壮筋骨、强腰膝，适用于消化不良、营养不良、肾虚体弱、神经衰弱、肾炎浮肿等患者，尤其适宜肥胖型高血压、糖尿病、贫血、胃病、浮肿、肝肿大、肝硬化、腹水等患者食用。

治疗神经衰弱或欲提高智力，可将鹌鹑肉与枸杞子、益智仁、远志肉一起煎熬食用；治肾虚、腰痛、阳痿，可用鹌鹑蛋炒韭菜食用。

冬瓜预处理

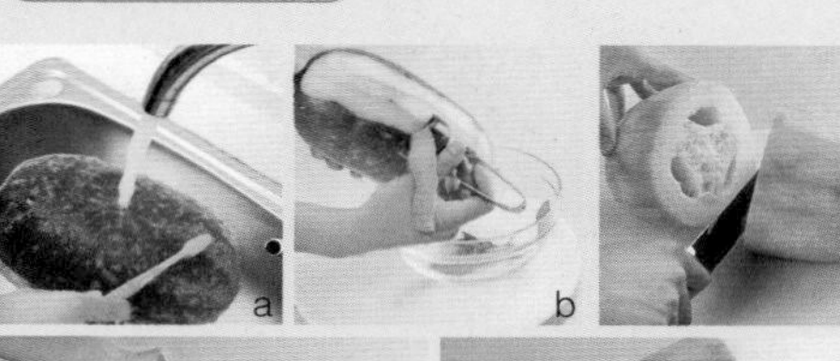

a. 冬瓜用刷子刷洗干净。
b. 用削皮刀削去硬皮。
c. 冬瓜一切两半。
d. 挖去冬瓜瓤。
e. 处理好的样子。

补肾强身推荐食材

【童子鸡】

童子鸡通常指自然散养、体质健壮、生长到60天左右的小公鸡，公鸡为雄，主要有壮阳和补气的作用，温补作用较强。对于肾阳不足所致的小便频密、精少精冷等症有很好的辅助疗效，比较适合青壮年男性食用。

因公鸡性热，高血压、中风、癌症、痛风以及风热感冒的病人不适合多吃。另外，公鸡也被列为发物之一，有过敏症、牛皮癣的人最好少吃。

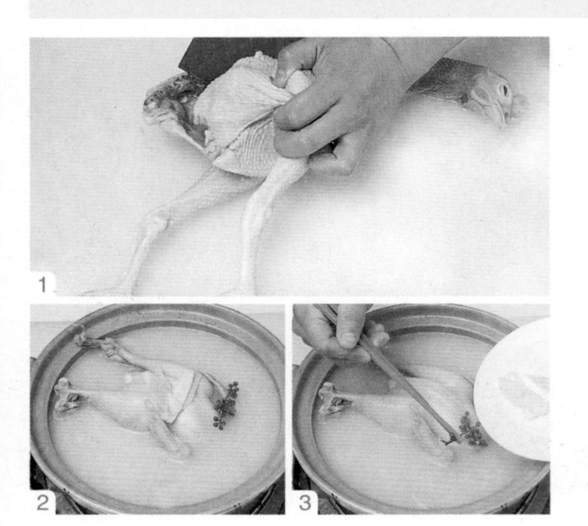

原料

小公鸡1只，青菜心4棵

调料

葱段、姜块、盐、白糖、料酒、胡椒粉、花椒、上汤各适量

制作过程

1. 小公鸡从背部片开，去除内脏，冲洗干净。
2. 沙锅内加上汤、葱段、姜片、花椒、小公鸡，慢火烧开。
3. 炖至鸡熟烂时拣出葱、姜、花椒，放入青菜心稍煮，加盐、白糖、料酒、胡椒粉调味即可。

清炖鸡

功效　温中益气，补精填髓。

竹笋炖鸡

止渴润燥，清热润肤。

鸡腿脱骨处理

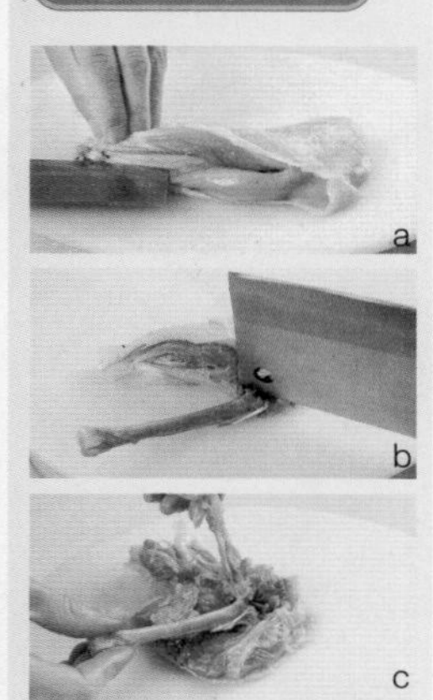

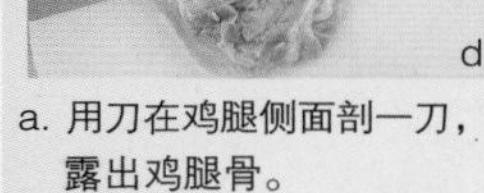

a. 用刀在鸡腿侧面剖一刀，露出鸡腿骨。

b. 剥离鸡腿肉，用刀背在腿骨靠近末端处拍一下，敲断腿骨。

c. 将腿骨周围的肉剥离开，将腿骨取出。

d. 将整个鸡腿肉平摊开，去掉筋膜，肉厚处划花刀，再用刀背将肉敲松即可。

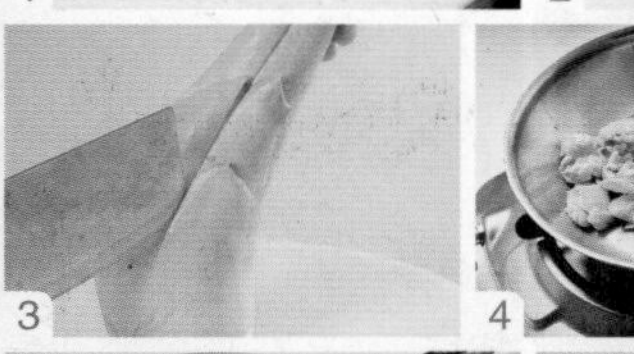

原料

鸡腿200克，绿竹笋150克，香菇、竹荪各适量

调料

盐、米酒、食用油各适量

制作过程

❶ 鸡腿去骨，洗净，切成大块。

❷ 香菇泡软，切去根，切大块。

❸ 竹笋在外壳上划一刀，剥去壳，切块。

❹ 起油锅烧热，放入鸡腿爆炒至表面熟而内生，捞出待用。

❺ 锅中入水加热，投入竹笋、香菇与炒好的鸡块煮沸。

❻ 撇去汤面的杂质，转小火焖煮20分左右。

❼ 竹荪用水泡约15分，将水沥掉，再用水加少许米酒泡一下，沥干，切成段。

❽ 将处理好的竹荪投入熬好的竹笋鸡汤中再煮5分钟，加盐、米酒调味即可食用。

补肾强身推荐食材

【山药】

山药味甘、性平，有健脾、补肺、补中益气、长肌肉、止泄泻、治消渴和健肾、固精的作用，适用于身体虚弱、精神倦怠、食欲不振、消化不良、慢性腹泻、虚劳咳嗽、遗精、糖尿病及夜尿多等症。山药具体功效如下：

1. 病后调补。山药富含黏蛋白、淀粉酶、皂苷、游离氨基酸和多酚氧化酶等物质，且含量较为丰富，具有滋补作用，为病后康复食补之佳品。

2. 降脂减肥，防动脉硬化。山药能有效防止脂肪沉积在血管上，保持血管弹性。

3. 补肾固精、健脾。山药自古就被民间视为滋养强壮身体的佳品。

4. 延年益寿。山药可增强人体免疫功能，延缓细胞衰老，常食对身体十分有益。

原料

狗肉200克，山药100克，枸杞3克

调料

花生油、姜片、葱段、盐、胡椒粉、味精、清汤各适量

制作过程

1. 狗肉洗净，切块。山药削去皮，切块。
2. 油锅烧热，放姜、葱爆香，下狗肉翻炒均匀。
3. 烹入料酒，加入清汤、枸杞、山药、盐，小火炖至肉烂。
4. 拣出姜、葱，放入胡椒粉、味精即成。

狗肉枸杞山药汤

功效 安五脏，轻身益气，补肾养胃，暖腰膝，壮气力，补五劳七伤，补血脉。

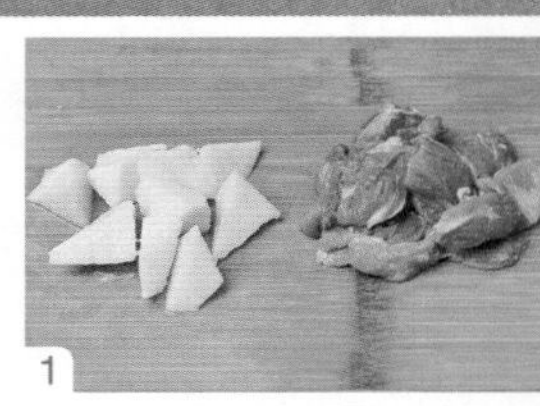

山药羊肉汤

功效　健脾补肺，固肾益精，聪耳明目，助五脏，强筋骨。

1

2

3　4

5　6

原料

羊肉500克，淮山药50克

调料

生姜、葱白、胡椒、料酒、盐各适量

制作过程

❶ 生姜、葱白洗净，拍破。淮山用清水闷透，切成厚0.2厘米的片。

❷ 羊肉剔去筋膜，洗净，略划刀口，再入沸水锅内氽去血水，捞出控干水分。

❸ 淮山片与羊肉一起放入锅中，加清水、生姜、葱白、胡椒、料酒，武火烧沸。

❹ 撇去汤面上的浮沫，移小火上炖至酥烂。

❺ 捞出羊肉晾凉，切片，放入碗中。

❻ 将原汤中生姜、葱白除去，连山药一起倒入羊肉碗内即成。

1

2

3

4

原料

黑豆30克，鲤鱼1条

调料

生姜1片，盐各适量

制作过程

1. 黑豆洗净，用清水浸泡3小时。
2. 鲤鱼去鳞、鳃、内脏，洗净。
3. 起油锅烧热，放入鲤鱼略煎，取出沥油。
4. 鲤鱼、黑豆、姜片、清水同放锅内，武火煮沸，改文火煮至黑豆熟软，加盐调味即可。

黑豆鲤鱼汤

功效 驻颜，明目，乌发，健胃，利尿。

补肾强身推荐食材

【黑豆】

中医理论认为，五色对应五脏，黑色食物入肾脏，因此黑豆对人的肾脏是有好处的。同时，从营养的角度讲，豆类富含植物蛋白，营养丰富，适当食用可补益身体。

黑豆怎么吃最营养？最好的方法是将其打成豆浆，或者用来煮粥、炖汤。黑豆不可生食，一定要完全制熟后食用。

巧厨娘

调理保健汤

Tiaoli Baojian Tang

PART 05

中医学认为，人体阴阳平衡才是健康的标志，然而这种平衡是动态的平衡，且易受外界环境的影响，要使之达到绝对的平衡是不可能的，于是，祖国医学有了调和阴阳、补偏救弊、促进阴阳平衡的治疗原则。在治疗手段上则提出“药以祛之，食以随之”的方法，以食物扶助正气，并确立了“五谷为养，五果为助，五畜为益，五菜为充”的配膳原则，还提出应做到酸、苦、甘、辛、咸的“五味调和”，不能偏食偏嗜。

冬瓜银耳羹

功效 清热解毒，利尿祛痰，祛脂降压。

原料

冬瓜250克，银耳30克

调料

鲜汤、盐、味精、黄酒各适量

制作过程

1. 冬瓜去皮、瓤，切片。银耳泡发，切去黄色部分，洗净，撕成小朵。
2. 炒锅入油烧热，倒入冬瓜煸炒片刻，加鲜汤、盐。
3. 烧至冬瓜将熟时加入银耳、味精、黄酒，调匀即成。

降压保健推荐食材

【冬瓜】

冬瓜味甘、性微寒，具有清热解毒、利水消肿、除烦止渴、祛湿解暑等功效。从营养学角度讲，冬瓜含较丰富的维生素C、钾，钠含量却很低，所以很适合要求低盐膳食的高血压患者食用。

冬瓜中富含丙醇二酸，能有效抑制人体内的糖类转化为脂肪，防止体内脂肪堆积，还能把多余的脂肪消耗掉，对肥胖症、高血压、动脉粥样硬化有较好的食疗功效。

注意：脾胃虚寒、肾虚者不宜多食冬瓜。

【竹荪】

竹荪具有滋补强壮、益气补脑、宁神健体的功效，还可补气养阴、润肺止咳、清热利湿。竹荪能保护肝脏，减少腹壁脂肪的积存，降低血压。

挑选竹荪时一看外观，一般长10～15厘米、宽3～4厘米、色泽稍黄的为上好竹荪，是用木炭烘烤的；色泽纯白的竹荪多是经过硫磺熏烤或是煤炭烘烤的，不宜购买。二看形态，竹荪里有些许碎末是正常现象，如果没有碎末反而得注意，这样的竹荪可能是用工业胶水粘接过的。三闻气味：上好的竹荪闻起来香味浓郁纯正，若有杂味或臭味则是次品。总之，上好的竹荪应朵大、肉厚、外观好、味道香。

保存：竹荪属于菌类，最常见的是其干品。竹荪干品不要放在日光直射的地方和高温潮湿的地方保存，开封后宜尽快食用。

竹荪干品烹制前应先用淡盐水泡发，并剪去菌盖头（封闭的一端），否则成菜会有怪味。

原料

金针菇200克，竹荪50克

调料

盐、高汤各适量

制作过程

1. 竹荪泡发，切去两头。金针菇切去根部，充分洗净。
2. 把金针菇穿入竹荪内，入笼蒸熟后取出。
3. 高汤加盐调味，放入金菇竹荪烧至入味，勾芡，装盘即可。

竹荪素翅

功效 降血压，降血脂，减肥益智。

降压保健推荐食材

【香菇】

香菇含碳水化合物、膳食纤维、氨基酸、B族维生素、维生素D原、钙、磷、钾、香菇多糖、香菇嘌呤等。香菇多糖能增强人体免疫力；香菇嘌呤能预防血管硬化，降低血压及血胆固醇，降低血脂含量；钾能稳定血压，保护血管，预防冠心病等高血脂、高血压并发症；维生素D原在人体内能转化为维生素D，维生素D能促进机体对钙的吸收，而钙能调节血管弹性，保护血管。

原料

鲜平菇、熟冬笋、水发香菇、番茄、绿叶菜各50克，莼菜250克

调料

素鲜汤、素油、香油、盐、味精、黄酒、姜末、香油各适量

制作过程

1. 将莼菜用沸水浸泡，捞出沥干。
2. 水发香菇、熟冬笋、鲜平菇分别切成细丝。
3. 番茄、绿叶菜洗净，切成相应的片。
4. 锅置火上，放素油烧至五成热，加入素鲜汤。
5. 放入除绿叶菜外所有原料烧开。
6. 加入盐、味精、姜末、黄酒，投入绿叶菜略烧一下，淋香油即成。

平菇莼菜汤

功效　补肝肾，健脾胃，清热解毒，降糖降压。

香菇山药素汤

功效 降糖降压，增强免疫力。

1

2

3

4

原料

山药300克，香菇、胡萝卜、木耳菜各100克

调料

盐、香油各适量

制作过程

❶ 山药去皮，切片。香菇泡软，去蒂后切片。胡萝卜去皮，切片。木耳菜择洗干净，将梗和叶分开。

❷ 锅内放水，先将木耳菜梗放入煮熟，捞出装入汤碗。

❸ 再将山药、香菇、胡萝卜片放入汤内煮熟。

❹ 最后放入木耳菜叶，并加盐调味，烧开后一起盛入汤碗内，淋少许香油即可。

洋葱羊肉汤

功效 降血压，降血脂，降血糖，抗癌。

原料

洋葱100克，羊肉200克

调料

姜末、香葱末、盐、蚝油、味精、素油各适量

制作过程

1. 将羊肉切成薄片，放入热水锅中汆烫去油脂，捞出控水。
2. 洋葱剥去干皮，洗净，切块备用。
3. 炒锅中加油烧热，下入姜末、洋葱块略炒。
4. 加清水烧沸，放入羊肉片、盐、味精、蚝油煮至入味，撒香葱末即可。

降压保健推荐食材

【洋葱】

洋葱含胡萝卜素、维生素B_1、维生素B_2、维生素C、钙、芥子酸、槲皮素、含硫挥发油等，还含有前列腺素A等有效成分，前列腺素A能扩张血管、降低血液黏度、促进钠盐排泄，因而能降低血压、增加冠状动脉血流量，降低血脂及预防血栓形成。

注意：洋葱一次不宜食用过多，以免引起内热。同时洋葱辛温，热病患者应慎食。

洋葱的预处理

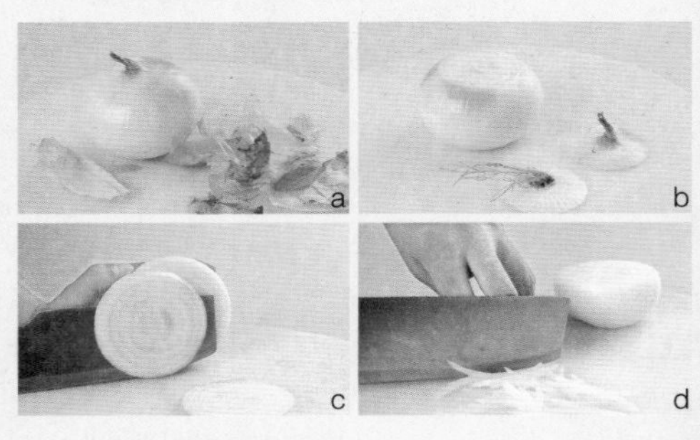

a. 剥去洋葱外层干皮。
b. 切去洋葱两头。
c. 洋葱横放在案板上，直刀切出洋葱圈。
d. 洋葱对半切开，切丝。

金瓜浓汤蹄筋

功效　养血补肝，强筋壮骨，清热化痰，凉血解毒。

原料

水发蹄筋200克，金瓜2个，枸杞5克

调料

鸡浓汤、盐各适量

制作过程

1. 水发蹄筋洗净，切段。
2. 金瓜自距顶部1/3处切开，去瓤，制成金瓜盅，用沸水汆过。
3. 鸡浓汤入锅烧开，加入蹄筋条，加盐调味，倒入金瓜盅内，放枸杞，加盖，入笼蒸透即可。

1

2

3

降糖保健推荐食材

【蹄筋】

蹄筋含丰富的胶原蛋白质和生物钙，脂肪含量也比肥肉低，并且不含胆固醇，能增强细胞生理代谢，很适合糖尿病、高血脂患者食用，能强身健体、延年益寿。

翡翠猪胰

功效　补肾益精，清热解毒，生津止渴，清音明目。

原料

熟猪胰脏1个，黄瓜、水发海参、马蹄各适量

调料

盐、味精、淀粉各适量

制作过程

1. 熟猪胰脏切丁。海参、马蹄切丁，分别氽水备用。
2. 黄瓜洗净，用榨汁机榨成菜汁，加盐、味精调味。
3. 另起锅，加入黄瓜汁、猪胰丁、海参丁、马蹄丁煮熟，加少许盐调味，勾薄芡即可。

降糖保健推荐食材

【猪胰】

猪胰味甘性平，能健脾胃、助消化、养肺润燥，适用于脾胃虚弱、消化不良、消渴（糖尿病）、肺虚咳嗽、皮肤龟裂等症。

1

2

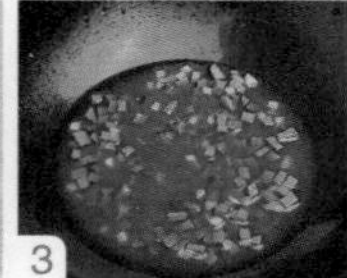
3

降糖保健推荐食材

【南瓜】

南瓜富含胡萝卜素、维生素C、维生素E和微量元素钴，能促进胰岛素的分泌，而钴又是胰腺β细胞合成胰岛素的必需物质；南瓜中的果胶可推迟食物排空，延缓肠道对糖类的吸收，从而控制血糖升高。中医认为，南瓜味甘性温，具有降血糖作用，对预防和治疗糖尿病、心血管疾病、溃疡病均有较好的效果。

原料

精瘦牛肉250克，南瓜500克

调料

生姜、葱、盐各适量

制作过程

1. 生姜切片，葱切段。
2. 瘦牛肉洗净，切成长2.5厘米、厚2厘米的块。
3. 南瓜削皮，去瓤，切成长3厘米、厚2厘米的大块。
4. 牛肉、南瓜、姜片、葱段放锅中，加水，武火烧沸后用文火炖熟即成。服用时加盐调味。

南瓜清炖牛肉

功效 补中益气，强健筋骨，止渴止涎，降糖。

原料

干绿豆50克，老南瓜500克

调料

盐少许

制作过程

❶ 干绿豆用清水淘洗净，控干，趁未完全干透时加入少许盐拌匀，腌3分钟后用清水冲洗干净。

❷ 老南瓜削去表皮，挖去瓜瓤，用清水冲洗干净，切成2厘米见方的块（具体步骤请参照本书第71页）。

❸ 锅内注入500毫升清水，武火烧沸，下绿豆煮沸2分钟，淋入少许凉水。

❹ 待再沸时下入南瓜块，盖上盖，文火煮沸30分钟，至绿豆开花即成。吃时加盐调味。

绿豆南瓜汤

功效 益气解暑，利水消肿，润喉止渴，明目降压。

山药苦瓜煲猪肝

功效 解暑清热，滋补肝肾，明目解毒，降血糖。

原料

猪肝200克，苦瓜2根，山药20克，枸杞20克，猪瘦肉50克

调料

盐、白胡椒粉、葱末、姜末、鸡汤、植物油各适量

制作过程

1. 猪肉洗净，切片。猪肝处理好，切片。山药削去皮，切片。
2. 锅入油烧至七成热，放入葱姜末、肉片和猪肝片煸炒出香味。
3. 加入适量鸡汤，放入山药片、枸杞、盐、白胡椒粉，用大火煮开。
4. 改用中火煮10分钟，放入苦瓜片稍煮即成。

降糖保健推荐食材

【苦瓜】

苦瓜也叫凉瓜，含丰富的维生素C和铁，还含有蛋白质、糖类、脂肪、钙、磷、胡萝卜素、维生素B族及果胶、苦瓜苷和多种氨基酸。

中医认为，苦瓜性寒味苦，入心、肺、胃经，具有清热解渴、降血压、降血脂、祛斑、养颜美容、减肥瘦身、改善睡眠、增强免疫功能、促进新陈代谢等功效。苦瓜中含有大量苦瓜苷，苦瓜苷是一种类似胰岛素的物质，有降低血糖的作用，对改善糖尿病的“三多”症状有一定的效果，故被称为“植物胰岛素”。

苦瓜预处理

a. 苦瓜用刷子刷洗净。

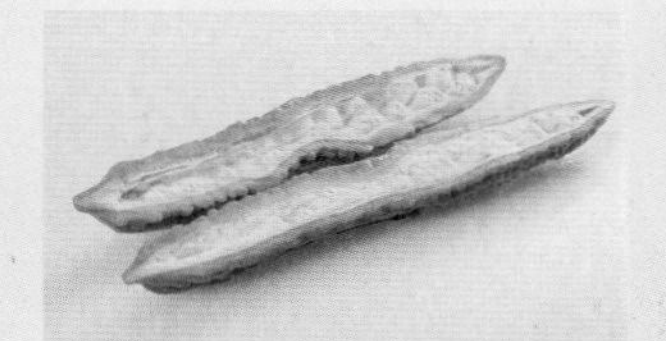
b. 苦瓜顺长剖开。

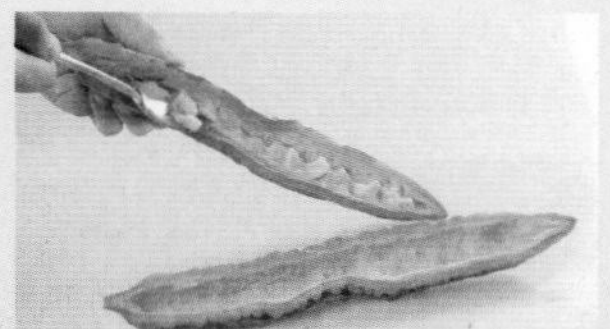
c. 挖去苦瓜瓤即可。

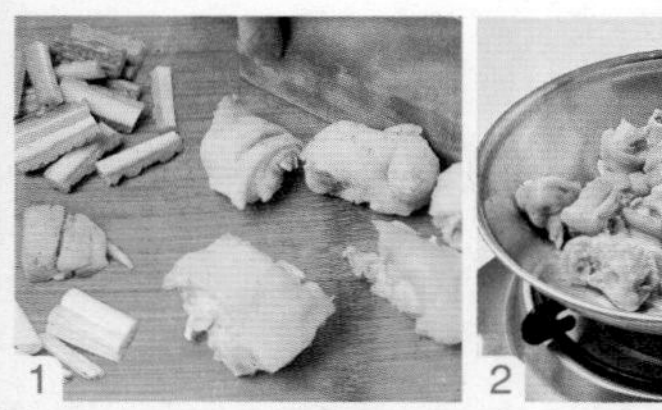

原料

猪蹄 2 只，苦瓜300克

调料

姜20克，葱20克，植物油、盐、汤各适量

制作过程

❶ 猪蹄治净（具体步骤请参照本书第81页），汆烫后洗净，切块。姜、葱拍破。苦瓜洗净，去瓤，切成长条。

❷ 锅中倒油烧热，放入姜、葱煸炒出香味，放入猪蹄和盐稍炒。

❸ 加汤煮至猪蹄熟软，放入苦瓜稍煮，出锅即可。

猪蹄炖苦瓜

功效　强筋壮骨，清热解暑，明目解毒，降血糖。

枸杞炖白鲢鱼

功效 滋补肝肾，明目，润肺。

原料

白鲢鱼1条，枸杞30克

调料

盐、料酒、葱丝、姜片、植物油各适量

制作过程

1. 枸杞择去杂质，洗净，控干水分。白鲢鱼去鳞、鳃、内脏，洗净（具体步骤见本书第90页），切段。
2. 白鲢鱼放入热油锅中略煎，加入料酒、盐、葱丝、姜片和枸杞。
3. 加适量水，中文火炖至鱼熟烂，拣去葱、姜即成。

降糖保健推荐食材

【枸杞】

中医认为，枸杞味甘性平，具有滋补肝肾、明目的功效，还可降血压、降血糖、降血脂，适宜用来入药或泡茶、泡酒、炖汤，常食可强身健体。枸杞中含有的枸杞多糖具有很好的降低血糖的作用。经实验证实，枸杞多糖对正常及糖尿病模型动物均有明显的降血糖作用，可显著改善糖耐量。《本草纲目》记载："枸杞，补肾生精，养肝，明目，坚精骨，去疲劳，易颜色，变白，明目安神，令人长寿"，"治肝肾阴亏，腰膝酸软，头晕，目眩，目昏多泪，虚劳咳嗽，消渴，遗精。"

枸杞为扶正固本、生精填髓、滋阴补肾、益气安神、强身健体、延缓衰老之良药，对癌细胞有明显的抑制作用，能防止白血球减少，可用于防止癌细胞的扩散和增强人体的免疫功能。

洋葱汤

功效 降血压，降血脂，降血糖，抗癌，预防肥胖症。

原料

洋葱1个

调料

干红辣椒、香菜叶、清汤、盐、胡椒粉、素油各适量

制作过程

1. 洋葱剥去外层干皮，洗净，切成细丝。
2. 干红辣椒洗净，去蒂切丝备用。
3. 炒锅加油烧热，将洋葱丝与干红辣椒、盐、胡椒粉一起倒入锅中翻炒。
4. 炒至洋葱丝呈深棕色、香味逸出。
5. 倒入清汤，煮至沸腾。
6. 加入香菜叶，出锅即可。

降脂减肥推荐食材

【洋葱】

洋葱含有丰富的前列腺素A、膳食纤维等有效成分，前列腺素A能扩张血管、降低血液黏度、促进钠盐排泄，因而能降低血压、增加冠状动脉血流量、降低血脂。膳食纤维能增强饱腹感，促进肠胃蠕动，减少脂肪吸收，辅助预防肥胖。

降脂减肥推荐食材

【黑木耳】

黑木耳富含木耳多糖胶体、碳水化合物、蛋白质、多种氨基酸、多种维生素、钾等。木耳多糖能降低血胆固醇含量，预防高血脂。此外，木耳多糖还有很强的抗凝血活性，能降低血浆纤维蛋白原含量，升高纤溶酶活性，阻止血栓形成，预防血栓等高血脂并发症。

中医认为，黑木耳有补气养血、润肺止咳、降压、抗凝血、抗癌等功效，除适合高血脂、高血压等心脑血管疾病患者食用之外，还适合缺铁性贫血者、矿工、冶金工人、纺织工、理发师等常食。

注意：患出血性疾病、腹泻者应不食或少食木耳；孕妇不宜多食木耳。

原料

木耳20克，黄瓜300克

调料

盐、味精各适量，鸡油25克

制作过程

1. 将木耳用温水浸泡4小时，去硬蒂，撕成小朵。
2. 黄瓜削去皮，切薄片。
3. 将木耳、黄瓜片一同放入炖锅内，加水适量。
4. 炖锅置武火上烧开，再用文火炖煮5分钟，加盐、味精、鸡油搅匀即成。

木耳黄瓜汤

功效 滋养脾胃，清热止渴，利水消肿，泻火解毒，益气强身。

番茄山药条

功效 和中，清热，益气，养血，止烦渴。

原料

番茄100克，山药、烤麸各50克

调料

盐、味精、胡椒粉、花生油、湿淀粉各适量

制作过程

1. 山药蒸熟，剥皮，切成筷子粗细的条。
2. 番茄洗净，略烫，剥去皮。
3. 将番茄切小条，烤麸切成条。
4. 炒锅加入清汤，加盐、味精、鲜奶烧沸。
5. 放入烤麸、番茄、山药条搅拌均匀。
6. 稍煮后起锅装碗即可。

降脂减肥推荐食材

【烤麸】

烤麸，是用带皮的麦子磨成麦麸面粉，而后在水中搓揉筛洗而分离出来的面筋，经发酵蒸熟制成的，呈海绵状，蛋白质、粗纤维含量高，也含有钙、磷与铁质，能阻碍肠道对胆固醇、糖类的吸收，减少脂肪囤积。

山楂山药汤

功效 消食化积，活血散瘀，益气养肾，补肺健脾。

原料

鲜山楂120克，山药250克

调料

湿淀粉30克，鲜汤、盐、香油各适量

制作过程

1. 山楂去核，洗净，切成薄片。
2. 山药去皮，洗净，对剖开，斜切成薄片。
3. 锅内倒入鲜汤，放入山药片、山楂片烧沸，撇去浮沫。
4. 加入香油、盐调味，用湿淀粉勾薄芡即成。

降脂减肥推荐食材

【山楂】

山楂能健脾胃、消积食，尤其对脂肪有较好的促消化作用。山楂含多种维生素、山楂酸、酒石酸、柠檬酸、苹果酸、解脂酶等，其中的解脂酶能促进脂肪类食物的消化，减轻脂肪堆积。

降脂减肥推荐食材

【海带】

海带含丰富的蛋白质、碳水化合物、胡萝卜素、维生素B_1、维生素B_2、尼克酸、钾、钙、铁、碘等，其中的钾、钙能降低血压，膳食纤维能阻碍胆固醇吸收，对预防冠心病等高血压并发症有一定食疗功效。中医学认为，海带性咸味寒，具有清热利水、止渴平喘、祛脂降压等功效。

原料

海带、萝卜各150克，核桃仁30克

调料

丁香、大茴香、桂皮、花椒、食用油、酱油各适量

制作过程

1. 海带用水浸泡24小时（中间要换2次水），洗净，切成丝。
2. 萝卜洗净，切成与海带相同的丝。
3. 锅入油烧热，放入海带丝炒几下，放入核桃仁、丁香、大茴香、桂皮、花椒、酱油及清水烧开。
4. 中火烧至海带将烂，再放入萝卜丝焖熟即成。

红焖萝卜海带

功效　消痰软坚，清热利水，镇咳平喘，祛脂降压。

原料

西红柿300克，海带30克，熟牛肉30克，香菇30克，黑木耳30克

调料

植物油、葱末、生姜丝、清汤、盐、五香粉、香油各适量

制作过程

1. 西红柿洗净，切片。海带用温水泡6小时，切菱形片。
2. 香菇、黑木耳放入温水中泡发，洗净。
3. 香菇切成丝，黑木耳撕碎成小片状，一起放入碗中待用。
4. 锅入油烧至七成热，加葱末、生姜丝煸炒出香味，放入西红柿片煸透。
5. 加适量清汤煮沸，投入其余原料。
6. 改用文火煨煮30分钟，加盐、五香粉拌和均匀，淋入香油即成。

牛肉海带汤

功效：滋养脾胃，消痰软坚，清热利水，镇咳平喘，祛脂降压。

海带煮瘦肉

功效 清痰软坚，清热利水，镇咳平喘，祛脂降压，抗癌，防癌。

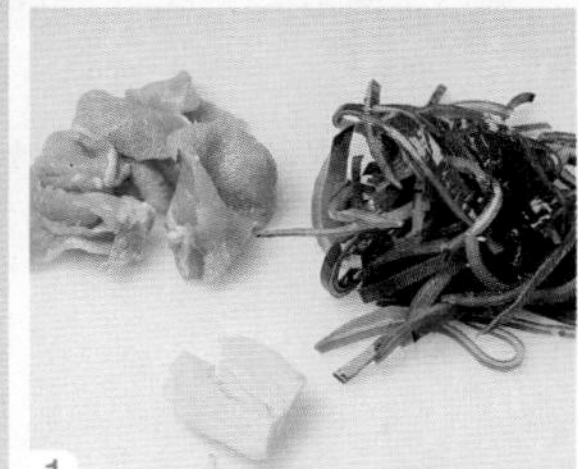

原料

水发海带100克，黄豆芽200克，猪瘦肉50克

调料

姜块、葱段、盐各适量

制作过程

1. 黄豆芽洗净，择去豆皮、根须。海带洗净，切丝。猪瘦肉洗净，切片。姜块拍松。
2. 肉片放炖锅内，加入1500毫升水，武火烧沸。
3. 放入黄豆芽、海带、葱段、姜块，用文火炖煮50分钟后加盐调味即成。

防癌抗癌推荐食材

【海带】

近年来，专家发现，癌症病人的血液多呈酸性，血液趋于酸性可能是癌症预兆之一。而海带素有“碱性食物之王”的美誉，如果多食海带，就可以防止血液酸化，防治癌症。

另外，海带里面有一种物质叫“岩藻多糖”，其中有一种非常重要的成分叫“U岩藻多糖”，它可以利用人体自身的DNA切断酶，把癌细胞的DNA切断，从而诱导癌细胞凋亡，有效阻止癌细胞的形成发展。故常吃海带可预防和治疗癌症。

防癌抗癌推荐食材

【芦笋】

芦笋中含有丰富的抗癌元素之王——硒，硒是谷胱甘肽过氧化物酶的组成部分，能阻止致癌物质过氧化物和自由基的形成，防止造成基因突变，刺激环腺苷的积累，抑制癌细胞中脱氧核糖核酸的合成，阻止癌细胞分裂与生长，并能刺激机体免疫功能，促进抗体的形成，提高对癌的抵抗力。生物学家还认为，芦笋抗癌的奥秘在于它富含酰胺酶，酰胺酶能阻止某些癌细胞的蛋白质合成，加之所含叶酸、核酸的强化作用，能有效地抑制癌细胞的生长。

原料

芦笋、鲍鱼、菜胆各100克，香菇30克

调料

姜、葱、盐、素油各适量

制作过程

1. 姜切片，葱切段。芦笋洗净，切薄片。
2. 鲍鱼取肉，洗净，切片。菜胆洗净，切段。
3. 香菇泡发透，洗净，切去柄，切片。
4. 炒锅加素油烧至六成热，下姜、葱爆香，放入所有原料，加800毫升水烧沸，改文火煮25分钟后加盐即成。

芦笋鲍鱼汤

功效 清肺止咳，滋养肝肾，预防和治疗癌症。

芦笋海参汤

功效 补肾益精，养血润燥，预防和治疗癌症。

原料

芦笋50克，水发海参100克

调料

葱、姜、食用油、盐各适量

制作过程

❶ 芦笋择洗净，切片。
❷ 海参处理干净，切片。
❸ 起油锅烧热，投入葱、姜煸香，加入芦笋、海参快速翻炒。
❹ 加入开水1碗，文火煨30分钟，调味即成。

防癌抗癌推荐食材

【海参】

研究表明，海参的体壁、内脏和腺体等组织中含有大量的海参毒素，又叫海参皂苷。海参皂苷是一种抗毒剂，能抵制癌细胞、KB细胞并抑制其蛋白质及核糖核酸的合成，抑制肿瘤细胞的生长与转移，能有效防癌、抗癌，提高人体免疫力，对人体却安全无毒，对放疗、化疗患者有极好的复原功效。

刺参是海参中较常见的品种，其特有的刺参酸性黏多糖以及所富含的大量硒元素对恶性肿瘤的生长、转移具有显著抑制作用。

原料

水发香菇50克，
水发海参100克

调料

葱、姜、食用油、盐
各适量

制作过程

❶ 香菇洗净，切去柄，切片。
❷ 海参处理干净，切片。
❸ 起油锅烧热，投入葱、姜煸香，加入香菇、海参快速翻炒。
❹ 加入开水1碗，文火煨30分钟后调入盐即成。

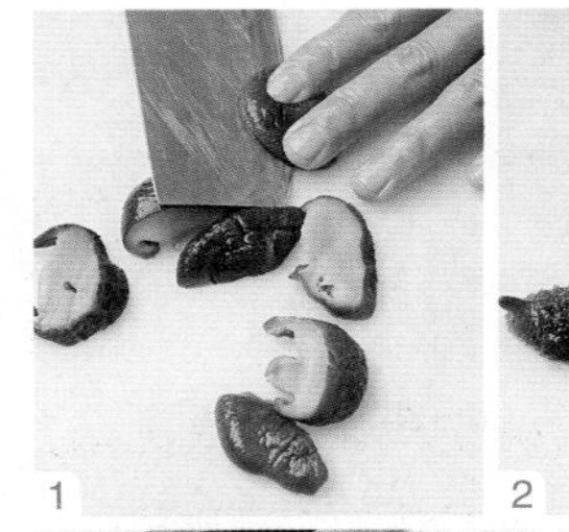
1

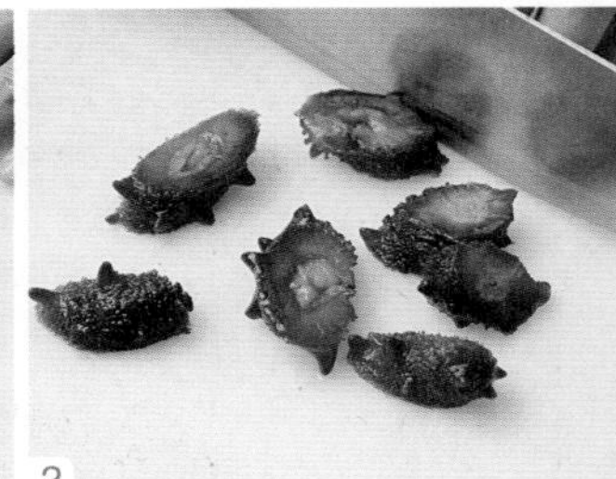
2

3

4

香菇海参汤

功效 补肾益精，养血润燥，增强人体免疫力，抗癌。

生氽牡蛎

功效 清肺补心，滋阴养血，提高机体免疫力，抗癌。

原料 鲜牡蛎肉500克，咸芥菜、猪瘦肉各200克，香菇10克，冬笋50克

调料 盐3克，鸡精6克，胡椒粉少许，高汤500克

制作过程

1. 香菇用清水泡发，切去柄，洗净，切片。
2. 咸芥菜、冬笋、猪瘦肉均切片，与香菇片分别用沸水氽过，控干，放在汤碗内。
3. 鲜牡蛎肉洗净，入沸水锅氽透，捞入汤碗内。
4. 锅置火上，倒入高汤煮沸，加入盐、鸡精、胡椒粉调匀，倒入汤碗内即成。

防癌抗癌推荐食材

【牡蛎】

牡蛎中含有丰富的锌及牛磺酸等活性成分，能促进T细胞和抗体的产生，尤其是锌元素，是人体不可缺少的微量元素，人体中许多种酶必须有锌参与才能发挥作用，锌对调节免疫功能十分重要。另外，牡蛎还含有可以除去自由基的谷胱甘肽，而清除自由基对于抗癌有重要意义。

1

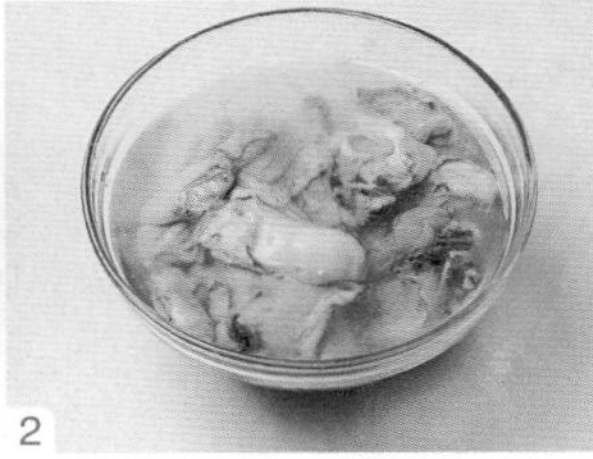
2

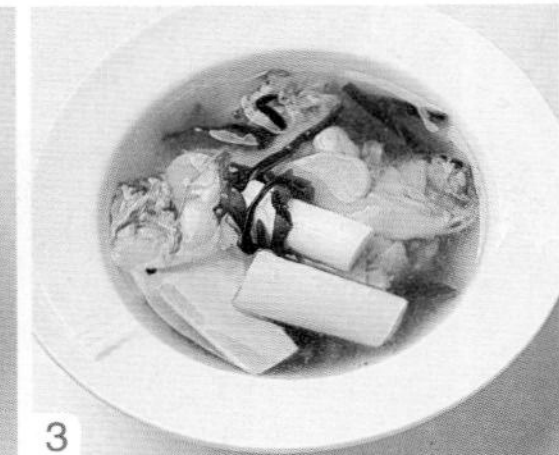
3

4

原料

海藻30克，牡蛎肉100克

调料

料酒、姜、葱、盐、鸡油各适量

制作过程

❶ 海藻洗净。姜切片，葱切段。
❷ 牡蛎肉洗净，切薄片。
❸ 海藻、牡蛎肉、姜、葱、料酒同放炖杯内，加清水适量。
❹ 炖杯置蒸笼内，武火蒸20分钟后取出，加盐、鸡油搅匀即成。

海藻蒸牡蛎

功效 软坚散结，消痰利气，提高机体免疫力，抗癌。

枸杞牛肝汤

功效 滋补肝肾，养血明目，润肺。

原料

牛肝100克，枸杞30克

调料

盐、味精、花生油、牛肉汤各适量

制作过程

❶ 枸杞洗净。牛肝洗净，切块。

❷ 炒锅置火上，注入花生油烧至八成热，放入牛肝煸炒一下即盛出。

❸ 炒锅洗净，置火上，注入牛肉汤，放入牛肝、盐、枸杞。

❹ 炖煮至牛肝熟透后加味精调味即成。

补血养血推荐食材

【牛肝】

牛肝味甘性平，能补肝明目、养血，适用于肝血不足、视物不清、夜盲症及血虚萎黄等症。将牛肝与枸杞子或苍术炖汤食用，适用于肝血不足诸症；将牛肝与大枣一同煮汤服食，适用于血虚萎黄者。

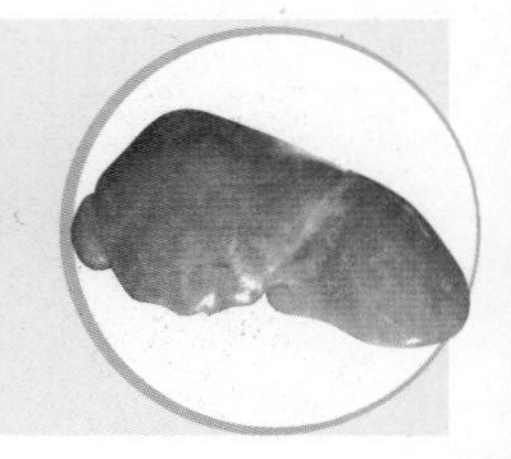

补血养血推荐食材

【牛骨髓】

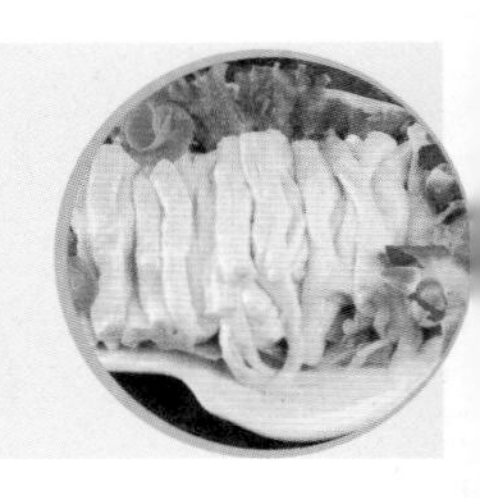

牛骨髓味甘性温，可润肺、补肾、壮阳、填髓，适用于虚劳羸瘦、精血亏损、泻痢、消渴、跌打损伤、手足皴裂等。每100克牛骨髓含蛋白质36.8克、钙304毫克，是高蛋白、高钙、低脂肪的营养食材，补益效果极佳。

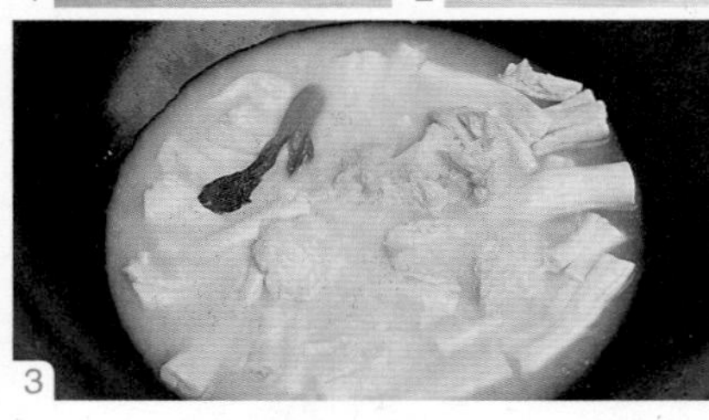

原料

牛骨髓200克，油菜心、猴头菇各50克

调料

浓汤（用老母鸡、老鸭、鲜牛骨、金华火腿熬制而成）、广东米酒、盐各适量

制作过程

1. 牛骨髓洗净切段，汆水后捞出沥水。
2. 猴头菇切片，洗净。油菜心焯水，捞出沥水。
3. 将浓汤倒入锅内烧开，加盐、米酒调味，放入牛骨髓、油菜心、猴头菇煮至入味，撇去浮沫，装盘即可。

奶汤猴头牛骨髓

功效 填精，壮骨，补血，利五脏，助消化，滋补身体。

白肉血肠

功效 健脾开胃，益气补血。

原料

猪五花肉400克，血肠250克，酸菜250克，粉丝50克

调料

盐、味精、葱、姜各适量

制作过程

1. 血肠切马蹄片，酸菜切细丝，粉丝用温水泡软备用。
2. 猪肉刮洗干净，切成大块，下沸水锅汆透，捞出控水。
3. 锅内加凉水，下葱、姜、猪五花肉（水量以没过肉为准），置火上烧开。
4. 小火炖2小时后捞出，用重物压平，晾至凉透，切成大薄片。
5. 炖肉的汤烧开，加入酸菜丝炖15分钟，下肉片、粉丝再炖10分钟。
6. 加盐、味精调味，加入血肠煮至开锅即可。

补血养血推荐食材

【动物血】

动物血中含铁量较高，而且以血红素铁的形式存在，容易被人体吸收利用。处于生长发育阶段的儿童和孕妇、哺乳期妇女多吃些动物血制作的菜肴，可以防治缺铁性贫血。同时，由于动物血中含有微量元素钴，故对其他贫血病如恶性贫血也有一定的防治作用。

鸡血味辛性热，通常被制成血豆腐，是最理想的补血食品之一。

鸭血味咸性寒，具有补血、解毒的功效，适用于劳伤吐血、痢疾等症。

食用动物血无论烧、煮，都要充分制熟。烹调时应配葱、姜、辣椒等佐料以去味，且不宜单独烹制。

豆腐鸡血羹

功效 益气和中，养血补血，生津润肠。

1

2

原料

鸡血、嫩豆腐各适量

调料

盐、白糖、醋、胡椒粉、香菜段、上汤、鸡蛋液各适量

制作过程

1. 鸡血切小块，嫩豆腐切块。
2. 锅中加上汤，放入鸡血块和豆腐块，加盐、白糖、醋、胡椒粉调味烧开，打去浮沫，加鸡蛋液搅匀，放香菜段即可。

金陵鸭血汤

功效 益气补血，清热润肠。

1

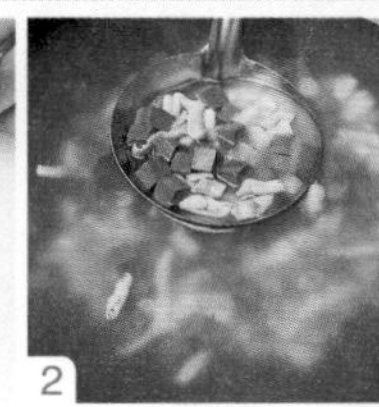

2

原料

鸭血200克，鸭肠100克，榨菜丁50克

调料

盐、味精、白糖、醋、料酒、胡椒粉、香油、鸭汤各适量

制作过程

1. 鸭血切丁，鸭肠切段。
2. 锅中注入鸭汤，放鸭血丁、鸭肠段和榨菜丁，加盐、白糖、醋、味精、胡椒粉、料酒调味烧开，装在汤碗内，淋香油即可。

【阿胶】

阿胶具有补血、止血、滋阴润燥等功效，适用于血虚萎黄、眩晕、心悸等症，为补血之佳品。阿胶常与熟地黄、当归、黄芪等补益气血药同用。

原料

胡萝卜150克，阿胶10克，猪瘦肉150克

调料

盐、姜、葱各适量

制作过程

1. 姜切片，葱切段。胡萝卜洗净，切成3厘米见方的块。
2. 猪瘦肉洗净，切成4厘米见方的块。
3. 猪肉、胡萝卜、阿胶、葱段、姜片、盐同放炖锅内，加水500毫升。
4. 炖锅置武火上烧沸，再用文火煮45分钟即成。

1

2

3

4

胡萝卜阿胶炖猪肉

功效 补中益气，补血止血，滋阴润肺。

桂圆当归鸡汤

功效 补心脾，益气血，生精髓。

原料

鸡1/2只（约500克），桂圆、当归各15克

制作过程

1. 桂圆剥去外壳，洗净。当归洗净，控干水分。
2. 鸡处理干净，入锅，加适量清水。
3. 炖至鸡肉半熟时加入桂圆、当归，共炖至鸡肉熟烂即可。

补血养血推荐食材

【桂圆】

桂圆又名龙眼，味甘性平，能补脾益胃、补心长智、养血安神。桂圆含葡萄糖、蔗糖、蛋白质、脂肪、B族维生素、维生素C、磷、钙、铁、酒石酸、腺嘌呤、胆碱等成分，适用于脾胃虚弱、食欲不振，或气血不足、体虚乏力、心脾血虚、失眠健忘、惊悸不安等。

补血养血推荐食材

【当归】

当归味甘性温，具有补血活血、调经止痛、润肠通便之功效，可用于血虚萎黄、眩晕心悸、月经不调、闭经痛经、虚寒腹痛、肠燥便秘、风湿痹痛、跌打损伤、痈疽疮疡等。

原料

母鸡肉1500克，猪肉、猪杂骨各750克，药袋1个（内装熟地、当归各7.5克，党参、白术、茯苓、白芍各5克，川芎3克，炙甘草2.5克）

调料

生姜、香葱、料酒、盐各适量

制作过程

❶ 鸡肉、猪肉、猪杂骨分别洗净，控干水分。
❷ 将鸡肉、猪肉、猪杂骨和药袋放锅内，加入适量水。
❸ 煮沸后撇去浮沫，加入生姜、香葱和料酒。
❹ 用小火将原料炖烂，捞去药袋、猪骨。
❺ 捞出煮好的鸡肉、猪肉，切成片。
❻ 将鸡片、猪肉片再放回锅内，加入盐调味即成。

八宝鸡汤

功效 补气养血，填精壮骨。

补血养血推荐食材

【红枣】

红枣是一种缓和滋补剂，经常食用，对心烦失眠、身体虚弱、脾胃不和、消化不良、劳伤咳嗽等患者很有好处。中医学认为，红枣味甘性温，可补中益气，养血安神，用于脾胃虚弱、食少倦怠、脾虚泄泻、营卫不和等。凡气少津亏，症见心中烦闷、惊悸不眠以及脏燥者，食用红枣能补中益气、滋润心肺、生津养颜，功效明确。明代名医李时珍也认为红枣最补脾胃，为养胃健脾、益血养神、安中益气的良药，适用于治疗脾胃虚弱、气血不足、贫血萎黄、肺虚多咳、精神疲乏、睡眠不佳、过敏性紫癜、血小板减少、肝炎、高血压等症。

枣的食用方法很多，鲜枣生吃最有利于营养的吸收，干枣则适合煮粥或煲汤，能使其中的营养成分很好地释放出来。煮粥或煲汤时如果能将干枣和一些食物搭配起来，能起到增强疗效的作用，如治疗神经衰弱的大枣枸杞汤、有利于缺铁性贫血的红枣花生鸡蛋粥、适用于高血压的红枣芹菜汤等。和鲜枣、干枣相比，蜜枣中营养成分最少，含糖量最高，用来熬粥、煮汤较好，可以稀释蜜枣中糖的浓度。

原料

胡萝卜150克，大枣5颗

调料

白糖适量

制作过程

1. 胡萝卜改刀成带锯齿的方形块，洗净，切成片。
2. 大枣用温水泡发，洗净。
3. 锅置火上，注入适量清水，放入大枣、胡萝卜片同煮，烧开后加入白糖，煮至糖溶化，盛出即可。

大枣萝卜汤

功效 补中益气，养血安神。

胡萝卜炖牛肉

功效 健脾和胃，养血补肝，清热解毒。

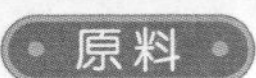

牛肉500克，胡萝卜2根，中等大小的土豆、洋葱各2个，嫩豆荚50克，构杞30克

调料

面粉、胡椒粉、盐、奶油各适量

1. 牛肉切块，撒盐、胡椒粉和面粉拌匀。
2. 胡萝卜切小块，土豆、洋葱切片，豆荚切段。
3. 奶油放炒锅内烧热，放入牛肉块炒成茶色。
4. 放入洋葱片共炒，加4碗热水，放入构杞，加盖煮开。
5. 改用极弱的火，依次加入胡萝卜、土豆、豆荚和洋葱，煮1.5小时后放盐。
6. 用3羹匙面粉调成糊状，倒入汤里搅匀，再煮半小时后加盐、胡椒粉调味即可。

补血养血推荐食材

【胡萝卜】

胡萝卜除富含维生素B族、维生素C外，还富含胡萝卜素，对补血极有益处。用胡萝卜煮汤饮用，是很好的补血汤饮。也可将胡萝卜榨汁，加入蜂蜜作为饮料饮用，长期食用，补血效果极佳。

【菠菜】

中医认为，菠菜味甘性凉，具有养血止血、通便、解毒养颜、抗衰老、降血糖、降血压、保护视力之功效。

菠菜叶质柔软，茎质脆嫩，具特有清香，经霜雪后有甜味，但不耐烧煮，以旺火热油、快速出锅的方法烹饪为好。炒时可先入盐，以缩短加热时间。

原料

鲫鱼1条（约250克），菠菜50克

调料

植物油15毫升，花椒面、生姜、盐各适量

制作过程

1. 菠菜洗净，切成小段。生姜去皮，切丝。
2. 鲫鱼宰杀，去鱼头、鳞、鳃及内脏，洗净沥干。
3. 炒锅上火，放油烧至七成热，放入鲫鱼略煸，随即加水、花椒面、生姜丝、盐。
4. 烧开后放入菠菜，烧至鲫鱼肉熟烂即成。

鲫鱼菠菜羹

功效 健脾开胃，养血止血。

黄花菜健脑汤

功效 平肝养血，健脑安神，利尿消肿。

原料

黄花菜150克，香菇30克，猪瘦肉250克

调料

香油、料酒、盐、清汤、淀粉各适量

制作过程

1. 黄花菜洗净，入沸水中焯过，捞入冷水中浸泡1～2小时，挤去水分。
2. 香菇泡发，挤去水分，切去柄，切成丝。
3. 猪瘦肉切丝，加少许盐、料酒、淀粉拌匀上浆。
4. 锅中放适量清汤，中火煮沸，撒少许盐，放入猪肉丝，待沸滚后撇去油沫。
5. 放入香菇丝再煮至沸滚，加入黄花菜，淋入香油即成。

建脑保健推荐食材

【黄花菜】

中医认为，黄花菜味甘性凉，可养血平肝、利尿消肿，对头晕、耳鸣、心悸、腰痛、吐血、衄血、大肠下血、水肿、淋病、咽痛、乳痈等症有一定辅助治疗作用。现代研究发现，黄花菜含有丰富的卵磷脂，能增强大脑机能，对脑供血不足、记忆力衰退有辅助疗效，享有“健脑菜”“安神菜”的美誉，适宜精神过度疲劳的人常食。它所含的多种有效成分还有止血消炎、利尿安神、健胃等功效。

一清二白汤

功效 益智健脑，消食减肥。

原料

茼蒿100克，豆腐1块，金针菇100克

调料

高汤3碗，盐、米酒、胡椒粉、香油适量

制作过程

❶ 豆腐洗净，切大块。金针菇择净，切去根，洗净备用。
❷ 茼蒿洗净，将叶片撕成小片。
❸ 高汤入锅烧开，加入茼蒿、豆腐、金针菇及其他调味料，煮1~2分钟即可。

健脑保健推荐食材

【金针菇】

金针菇中赖氨酸的含量特别高，有促进儿童智力发育和健脑的作用，故被誉为“益智菇”。

金针菇宜熟食，不可生吃。将金针菇鲜品洗净，挤净水分，放入沸水锅内焯一下后捞起，凉拌、炒、炝、熘、烧、炖、煮、蒸、煲汤均可，亦可作为荤素菜的配料使用。

金针菇适宜各种人群食用，但脾胃虚寒者不宜吃太多。

原料

金针菇150克，白萝卜300克

调料

盐、香油、白胡椒粉各少许

制作过程

1. 金针菇切去根，洗净。
2. 白萝卜洗净，切丝。
3. 将白萝卜丝放入开水锅中烫1分钟。
4. 再放入金针菇稍烫，捞起控水。
5. 将金针菇、白萝卜放入汤锅中，加2碗水，小火煮开。
6. 加入少许盐、香油、白胡椒粉调味即可。

金针菇萝卜汤

功效 益智健脑，消食下气。

天麻猪脑羹

功效 补脑髓，益虚劳，平肝潜阳。

原料

天麻10克，猪脑1个

调料

盐适量

制作过程

1. 天麻用淘米水泡4小时，洗净，切成薄片。
2. 猪脑洗净，控干水分。
3. 将天麻放入锅中，加适量清水，置武火上烧沸。
4. 改用文火煮炖1小时，加少许盐，再放入猪脑煮熟即成。

健脑保健推荐食材

【猪脑】

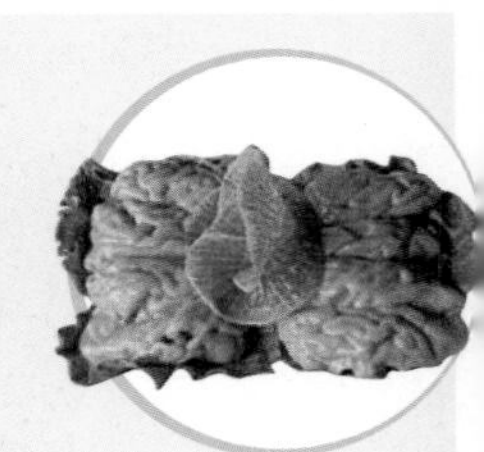

猪脑又称脑花、天花、银花、云头，为猪的脑髓。

猪脑可益虚劳、补骨髓、滋肾补脑，适宜体虚伴有神经衰弱、头晕及老年人头眩耳鸣者食用，对脑震荡后遗症和健忘症有一定辅助治疗作用。

民间自古有“吃脑补脑”之说，可见猪脑的补益功能早已被认知。

民间常用猪脑配以适当药材，组成药膳验方，如配天麻做羹，可祛风、开窍、镇静、通血脉，治疗神经衰弱性偏头痛；配黑木耳做汤，可用于辅助治疗用脑过度、头昏、记忆力衰退等症；配小麦、红枣做汤，可用于辅助治疗美尼尔氏综合症的多种症状。

原料

净老母鸡300克，猪脑100克，人参10克，生姜10克，红枣10克

调料

清汤、盐、绍酒、胡椒粉各适量

制作过程

❶ 老母鸡处理净，切大块。猪脑洗净，控干。
❷ 生姜去皮，切成片。红枣用温水泡透。
❸ 锅内加水烧开，放入鸡块、猪脑，中火汆煮去血水，捞起冲洗净。
❹ 炖盅内放入所有原料和调料，加盖，入蒸柜隔水炖约2小时即成。

1

2

3

4

猪脑炖老鸡

功效 补脑髓，益虚劳。

贞莲猪肉汤

功效　补益肝肾，益气调经。

原料

瘦猪肉250克，女贞子12克，旱莲草15克

调料

盐少许

制作过程

❶ 瘦猪肉洗净，切块。
❷ 女贞子、旱莲草均洗净，控干。
❸ 所有原料一同放沙锅中，加适量水，置于火上。
❹ 煮至肉熟烂后加盐调味即可。

调经保健推荐食材

【女贞子】

女贞子味甘、苦，性凉，归肝、肾经，可滋补肝肾、滋阴血、清虚热、乌发明目，对腰膝酸软、头昏目暗、遗精耳鸣、须发早白、骨蒸潮热、心烦盗汗、消渴淋浊、月经不调等均有食疗功效。

【当归】

中医认为，当归味甘、辛，性温，归肝、心、脾经，具有补血活血、调经止痛、润肠通便的功效，特别适宜女性服用，用以煮粥、煲汤都很适宜。

1

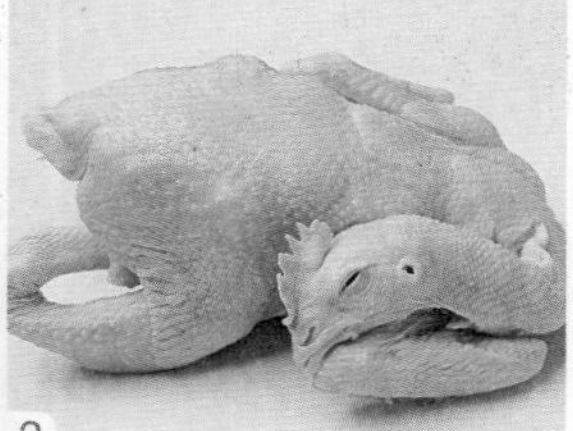
2

3

4

原料

当归30～100克，母鸡1只

调料

盐、食用油各适量

制作过程

1. 当归洗净，放入沙锅中，加水煎取药汁。
2. 将母鸡宰杀，去毛及内脏。
3. 处理好的母鸡放入盛器中，加油、盐和清水，隔水蒸1小时至熟。
4. 将鸡汤倒出，与当归药汁混合即成。

当归鸡汤

功效 温经散寒，养血活血。

茅根牛膝煲墨鱼

功效 养血滋阴，明目清热，利尿通淋。

调经保健
推荐食材

【墨鱼】

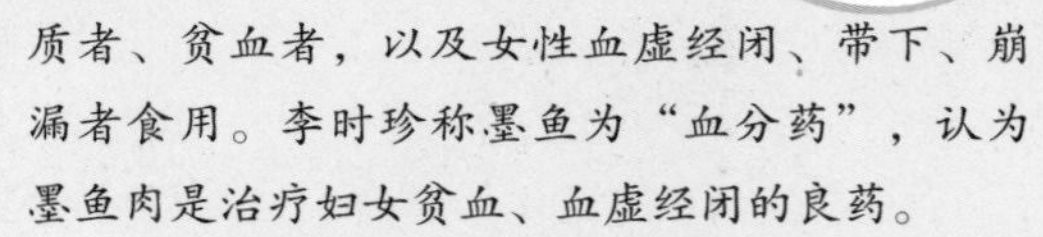

墨鱼又名乌贼、花枝，具有较高的营养价值和药用价值，适宜阴虚体质者、贫血者，以及女性血虚经闭、带下、崩漏者食用。李时珍称墨鱼为“血分药”，认为墨鱼肉是治疗妇女贫血、血虚经闭的良药。

但需注意，脾胃虚寒、高血脂、高胆固醇血症、动脉硬化及肝病患者应慎食墨鱼；患有湿疹、荨麻疹、痛风、肾脏病、糖尿病及易过敏者应忌食墨鱼。

墨鱼体内有许多墨汁，不易洗净，可先撕去表皮，拉掉骨，将其放在装有清水的盆中，在水中拉出内脏，挖掉眼珠，使其流尽墨汁，然后多换几次清水将内外洗净即可。

墨鱼肉食用方法很多，可红烧、爆炒、熘、炖、烩、凉拌、煲汤、做饺子馅和丸子。

墨鱼预处理

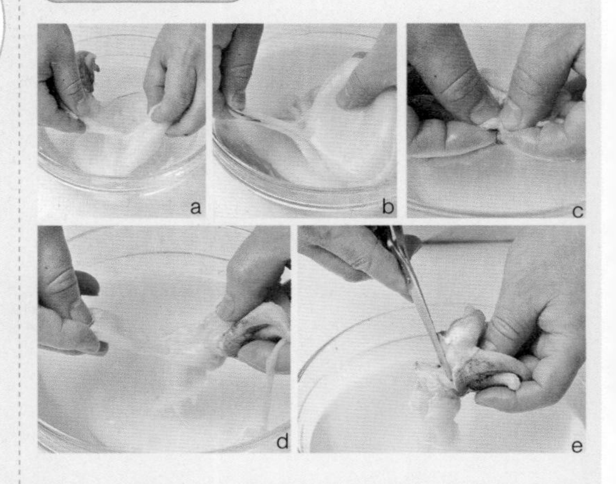

a. 市场买回的墨鱼，通常已经去掉外皮、内脏，可直接用水冲洗干净。
b. 将墨鱼的褶皱裙边撕开，剥除皮膜。
c. 去除墨鱼头部和足部的脏污。
d. 用手剥除墨鱼头足部位中心最硬的部位。
e. 切下头足部位，将眼睛、口等用剪刀剪掉即可。

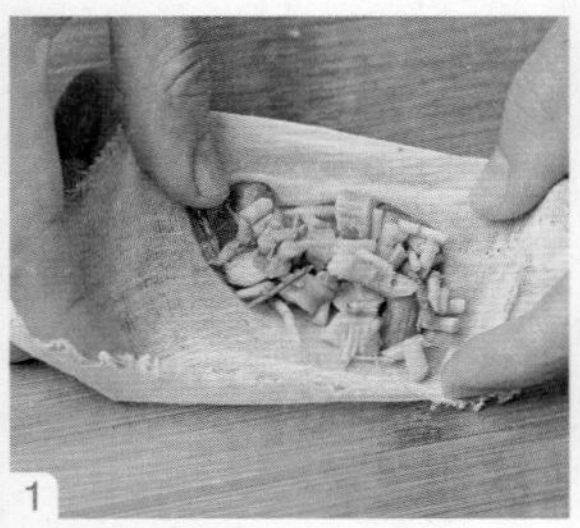
1

2

3

4

原料

白茅根30克，川牛膝9克，墨鱼200克

调料

盐少许

制作过程

1. 白茅根、川牛膝均洗净，切片，用干净的纱布包裹。
2. 墨鱼处理好，洗净，切成大块。
3. 将墨鱼和药袋同放沙锅中，加适量水炖熟。
4. 拣去药包，加少许盐调味即可。

食鱼饮汤，每日1剂，分2次服食，经前1周开始服用，7日为一疗程，连服3个疗程。

牛膝猪蹄煲

功效 活血化瘀，补肝肾，强筋骨，利尿通淋，引血下行。

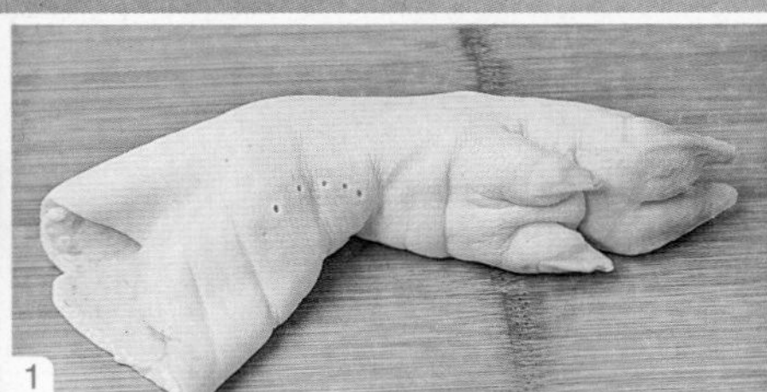
1

2

3

原料

猪蹄250克，牛膝15克，米酒20毫升

调料

盐适量

制作过程

1. 猪蹄处理好，洗净，控干水分。牛膝洗净，控干水分。
3. 将猪蹄、牛膝同放煲中，加适量水煲至猪蹄烂熟。
4. 趁热加入米酒，调入盐调味即可。

调经保健推荐食材

【牛膝】

中医认为，牛膝具有活血通经、补肝肾、强筋骨、利尿通淋、引血（火）下行之功效，常用于治疗瘀血阻滞所致闭经、痛经、月经不调、产后腹痛等妇科病。

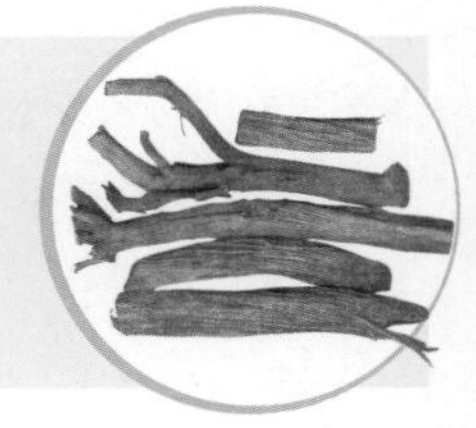

红白豆腐汤

功效 补血，解毒。

原料

豆腐150克，鸭血100克，豌豆苗50克

调料

姜、葱、盐、味精、胡椒粉、清汤、酱油、水淀粉、醋、色拉油各适量

制作过程

1. 将鸭血、豆腐分别切成薄片，葱、姜切末，豌豆苗择洗干净。
2. 锅置火上，加色拉油烧热，爆香葱姜末。
3. 锅内倒入清汤，放入盐、酱油、胡椒粉。
4. 开锅后立即下鸭血和豆腐片，待汤再开时勾薄芡，加豌豆苗、味精、醋，搅匀即可。

美容养颜推荐食材

【动物血】

动物血富含蛋白质、维生素B_2、尼克酸、维生素C、铁、磷、钙等营养成分，其中所含的血浆蛋白能加速肠道中的毒素排出体外，改善皮肤色斑。动物血富含有机铁，对贫血所致面色苍白者有改善作用，是排毒养颜的理想食物。

美容养颜推荐食材

【莲藕】

中医认为，生藕性寒，有清热除烦之功效，特别适合因血热而长“痘痘”的患者食用；煮熟后由凉变温，有养胃滋阴、健脾益气、养血的功效，是一种很好的食补佳品，特别适合因脾胃虚弱、气血不足而表现为肌肤干燥、面色无华的人。藕节是一味良药，具有健脾开胃、养血、止血的作用，还能改善气色。

原料

莲藕250克，排骨200克

调料

色拉油、盐、味精、葱段、姜片、酱油、八角、香油各适量

制作过程

1. 莲藕削去皮，洗净，切块；排骨洗净，斩块。
2. 将排骨入沸水锅中汆水，捞出控净水分备用。
3. 炒锅置火上，倒入色拉油烧热，下入葱段、姜片、八角爆香。
4. 放入排骨煸炒。
5. 倒入水，调入盐、味精、酱油。
6. 煲至排骨八分熟时下入莲藕，
7. 小火炖煮至排骨熟烂，淋入香油即可。

莲藕排骨汤

功效 健脾养胃，滋阴养血。

枸杞炖兔肉

功效 补中益气，止渴健脾，滋阴凉血，解毒，美容养颜。

原料

兔肉250克，枸杞20克

调料

味精、盐各适量

制作过程

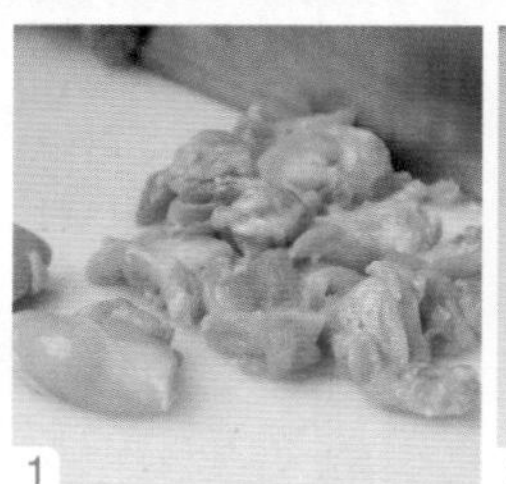
1

2

3

4

1. 将兔肉洗净，切成小块。
2. 枸杞洗净，控干水分。
3. 兔肉、枸杞同放沙锅中，加适量水。
4. 先用武火烧沸，再用文火慢炖，待兔肉熟烂后加入味精、盐调味即成。

美容养颜推荐食材

【兔肉】

兔肉属于高蛋白、低脂肪的肉类，被誉为“荤中之素”、“美容肉”等。兔肉中的脂肪酸属于不饱和脂肪酸，适量食用有益减肥，且能帮助维持皮肤弹性，极适宜女性食用。

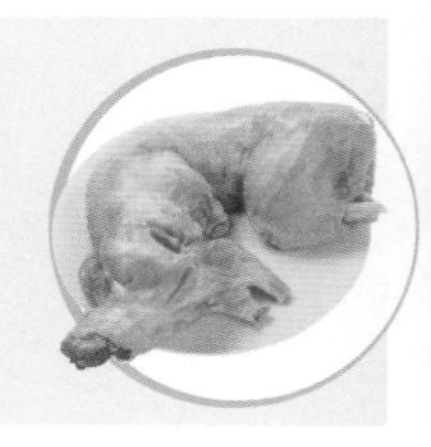

原料

菜花500克，香肠150克，草菇100克

调料

花生油、盐、水淀粉各适量，牛奶、椰浆各半杯

制作过程

1. 草菇洗净，香肠切滚刀块。
2. 菜花洗净，掰成小朵。将菜花放入滚水中烫熟，捞出，用凉开水冲凉备用。
3. 炒锅入油烧热，加入菜花、香肠、草菇略炒。
4. 炒锅中倒入牛奶、椰浆，调入盐煮开，用水淀粉勾芡即成。

椰香花菜

功效 滋润肺胃，生津润肠，生血长骨，补虚安神，美白肌肤。

美容养颜推荐食材

【牛奶】

牛奶含有丰富的优质蛋白质、脂肪、维生素B_2、钾、钙、磷等，蛋白质能补充皮肤发育所需，维生素B_2能促进细胞再生，脂肪能润滑肠道、改善便秘、促进排出毒素、改善皮肤色泽。

美容养颜推荐食材

【鹌鹑蛋】

鹌鹑蛋含蛋白质、卵磷脂、赖氨酸、胱氨酸、维生素A、维生素B_1、维生素B_2、维生素D、铁、磷、钙等营养物质，营养价值不亚于鸡蛋，甚至某些方面比鸡蛋更强，有较好的护肤、美容美颜作用。

中医学认为，鹌鹑蛋味甘、性平，有补血益气、强身健脑、丰肌泽肤等功效，对贫血、营养不良、神经衰弱、月经不调、高血压、支气管炎、血管硬化等病人具有调补作用，非常适宜儿童、老年人食用；对有贫血、月经不调的女性，其调补、养颜、美肤功用更为显著。

原料

鹌鹑蛋7颗，熟鸡丝、黄瓜丝各适量

调料

盐、鸡精、鸡汤各适量

制作过程

1. 将鹌鹑蛋煮熟，剥去蛋壳，放入大汤碗中待用。锅置火上，倒入鸡汤烧开，放入盐、鸡精调味。
2. 将鸡汤倒入装鹌鹑蛋的碗中。
3. 撒上熟鸡丝、黄瓜丝即可。

鸡丝鹌鹑蛋汤

功效 补中益气，强身健脑，消除热结，美容养颜。

银耳鹑蛋羹

功效 补脾开胃，滋阴润肺，益气清肠，补脑助眠，养阴清热，润肤祛斑。

原料

干银耳50克，鹑蛋20个

调料

冰糖250克，猪油适量

制作过程

1. 干银耳泡发，除去蒂和杂质，撕成小朵。
2. 银耳放入汤锅内，加清水适量，长时间熬煮至银耳胶质溶出、软烂。
3. 取20个炖盅，内壁抹上猪油，将鹑蛋分别打入盅内。
4. 将炖盅上笼，用文火蒸3分钟左右后取出，放入清水中使鹑蛋漂起。
5. 炖着的银耳羹中放入冰糖，煮至溶化后撇去浮沫。
6. 再放入鹑蛋煮沸，起锅即成。

美容养颜推荐食材

【银耳】

银耳在祖国医药学中是一种久负盛名的良药。据《中国药物大辞典》记载，银耳有“强精补肾、强肺、生津止咳、降火、润肠益胃、补气和血、强壮身体、补脑提神、美容嫩肤、延年益寿”之功效。银耳无论颜色、口感、功效都和燕窝相似，但价格便宜，且能滋阴润燥，没有燕窝易过补引起上火之弊病。银耳的营养成分相当丰富，含有蛋白质、脂肪和多种氨基酸、矿物质及糖类。银耳的蛋白质中含有17种氨基酸，其中6种为人体必需的氨基酸。银耳还含有多种矿物质，如钙、磷、铁、钾、钠、镁、硫等，其中钙、铁的含量很高。银耳富含胶质，能促进黏多糖形成，使肌肉结实、骨骼强壮，还有美白肌肤、清除宿便的作用。此外，银耳中还含有海藻糖、多缩戊糖、甘露糖醇等糖类，具有扶正强壮的作用，是一种广受欢迎的滋养补品。

原料

水发银耳100克，菠菜100克，鸡蛋3个

调料

盐、香菜末各适量

制作过程

1. 银耳择净，切成条状片。菠菜择洗净，切成段。
2. 将鸡蛋磕入碗中，搅打均匀。
3. 清水入锅烧开，淋入蛋液，煮开。
4. 放入菠菜、盐，烧至入味，放香菜末、银耳，翻匀即成。

银耳蛋汤

功效 滋阴润肺，养血止血。

1

2

3

4

红枣山药炖南瓜

功效 益气补血，健脾胃，润心肺，美容养颜。

1

2

3

4

原料

鲜山药300克，南瓜300克，红枣100克

调料

红糖适量

制作过程

❶ 鲜山药洗净，削去皮，切成3厘米见方的块。

❷ 南瓜洗净，去皮和瓤，切成相同大小的块（预处理具体步骤见本书第71页）。

❸ 红枣洗净，去除枣核，待用。

❹ 所有原料同放锅内，加水和红糖，置火上烧开，盖上锅盖，小火炖1小时即可。

美容养颜推荐食材

【红枣】

红枣，又名大枣。自古以来就被列为“五果”（桃、李、梅、杏、枣）之一，历史悠久。大枣最突出的特点是维生素含量高，故有“天然维生素丸”的美誉。

《本草纲目》中说枣味甘、性温，能补中益气、养血生津，用于治疗“脾虚弱、食少便溏、气血亏虚”等疾病。常食大枣可辅助治疗身体虚弱、神经衰弱、脾胃不和、消化不良、劳伤咳嗽、贫血消瘦，养肝防癌功能尤为突出。食疗药膳中常加入红枣以补养身体、滋润气血。气血充足，自然肌肤润泽，因此自古以来就有“一日吃三枣，一辈子不显老”的说法。

牛奶炖花生

功效 舒脾暖胃，润肺化痰，滋补调气，美白肌肤。

原料

花生米100克，枸杞子20克，银耳10克，牛奶1500毫升

调料

冰糖适量

制作过程

1

2

3

4

❶ 银耳用清水泡发，剪去黄色部分，撕成小朵。
❷ 枸杞子、花生米均洗净，控干水分。
❸ 锅上火，倒入牛奶，加入银耳、枸杞子、花生米、冰糖。
❹ 煮至花生米熟烂即成。

美容养颜推荐食材

【花生】

花生含有丰富的蛋白质、脂肪、烟酸、维生素C、维生素E、钾、镁、磷、硒等，被誉为“植物肉”，民间又称之为“长生果”。花生中不饱和脂肪酸含量很高，对维持皮肤组织活性有重要意义；所含维生素E、硒等能抗氧化，减轻自由基损害，淡化色斑。

木瓜花生大枣汤

功效 滋补脾胃，润肺化痰，丰胸美容。

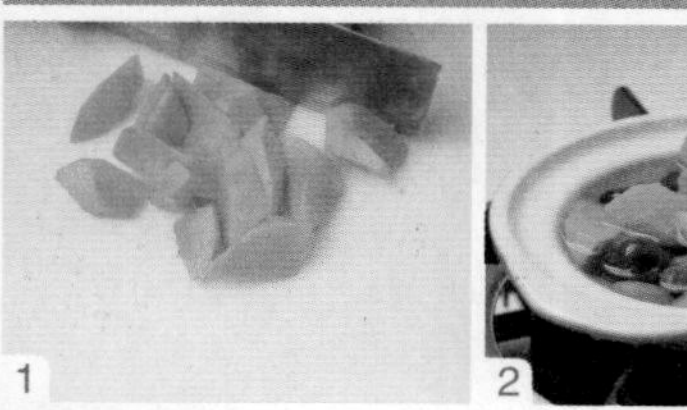
1

2

原料

木瓜750克，花生150克，大枣5颗

调料

片糖2～3块（或白糖适量）

制作过程

❶ 木瓜去皮、核，切块。花生、大枣分别洗净，控干水分。

❷ 将木瓜、花生、大枣和适量清水放入煲内，再放入片糖，待煮滚后改用文火煲40分钟即可。

花生木瓜排骨汤

功效 填精补髓，滋补脾胃，益气补血，丰胸美容。

原料

木瓜1个，花生仁80克，排骨150克

调料

盐适量

制作过程

❶ 把木瓜去皮、籽，洗净，切粗块。

❷ 花生仁洗净，控干水分。

❸ 排骨斩成段，洗净，用盐搓一遍。

❹ 将木瓜块、花生仁和排骨同放锅中，加适量水，煲至花生熟透即成。

1

2

3

4

枣莲葡萄粥

功效 补益气血，通利小便，美容养颜。

原料

山药100克，莲子、葡萄干、红枣各30克

调料

白糖少许

制作过程

1. 葡萄干洗净。山药削去皮，洗净，切薄片。
2. 莲子用温水浸泡，去莲心。红枣洗净，去核。
3. 上述处理好的原料同放沙锅内，加适量水，武火烧开后转用文火煮熟，调入白糖即可。

美容养颜推荐食材

【葡萄干】

葡萄干含有较丰富的碳水化合物、维生素C、钾、硒等，能补充女性经期流失的多种矿物质。女性由于每月一次的生理期失血，极易患轻度贫血，导致脸色苍白，看起来无精打采，而且怕冷，常年手脚冰凉。葡萄可以帮你恢复好气色——中医认为葡萄具有“补血强智利筋骨，健胃生津除烦渴，益气逐水利小便，滋肾益肝好脸色”的功效。平常多吃葡萄，可以缓解手脚冰冷、腰痛、贫血等现象，提高免疫力。上班的女性不妨每天吃1小把葡萄干，连服7天就能收到明显的效果。需要注意的是，此期间应不食瓜类等寒性食物，以免影响疗效。这个小验方对治疗白带过多也有效果。